Marion Rapp

111 Schätze der Natur rund um den Bodensee, die man gesehen haben muss

Mit Fotografien von Kurt Rapp

emons:

Bibliografische Information der Deutschen Nationalbibliothek
Die Deutsche Nationalbibliothek verzeichnet diese Publikation
in der Deutschen Nationalbibliografie; detaillierte bibliografische
Daten sind im Internet über http://dnb.d-nb.de abrufbar.

© Emons Verlag GmbH
Alle Rechte vorbehalten
Herausgeber: Claus-Peter Hutter, Präsident von
NatureLife-International, www. naturelife-international.org
© der Fotografien: alle Kurt Rapp, außer: Alfred Limbrunner (S. 41, 91,
163, 205, 221), Claus-Peter Hutter (S. 151), Roland Bauer (S.57),
Duftgarten Syringa (S. 77), Insel Mainau (S. 93), Manuel Nabenhauer (S. 127),
Affenberg Salem (S. 165), Andreas Hafen (S. 211)
Gestaltung: Eva Kraskes, nach einem Konzept
von Lübbeke | Naumann | Thoben
Kartografie: altancicek.design, www.altancicek.de
Kartenbasisinformationen aus Openstreetmap,
© OpenStreetMap-Mitwirkende, ODbL
Druck und Bindung: CPI – Clausen & Bosse, Leck
Printed in Germany 2018
Erstausgabe 2015
ISBN 978-3-95451-619-3
Aktualisierte Neuauflage September 2018

Alle Angaben und Hinweise in diesem Naturerlebnisführer sind sorgfältig recher-
chiert und beschrieben. Dennoch können weder Verlag noch Autoren eine Garantie
für den Zustand und das Auffinden von Naturdenkmalen und anderen Elementen in
der Landschaft geben. Bäume können vom Blitz getroffen werden oder umstürzen,
Gewässer können trockenfallen, Wege können geändert oder verlegt werden oder gar
zuwachsen. Mitunter werden ausgewiesene Wege nicht mehr unterhalten, Beschilde-
rungen nicht mehr erneuert. Oder es werden Schilder gestohlen oder überwuchern.
Schwer aufzufindende Wegeführungen, also negative Veränderungen, sollten den je-
weils örtlichen Naturschutzbehörden und Tourismusstellen mitgeteilt werden, damit
wir uns auch künftig noch an den Schätzen der Natur erfreuen können.

Unser Newsletter informiert Sie
regelmäßig über Neues von emons:
Kostenlos bestellen unter
www.emons-verlag.de

Vorwort

Sie kommen aus der unendlichen Taiga Sibiriens, den Tundraland-schaften Skandinaviens und den von den Gezeiten geprägten Küsten des Wattenmeers. Singschwan und Reiherente, Prachttaucher und Kampfläufer können sich als Nomaden der Lüfte nicht irren: Für sie ist der Bodensee ein besonderes Naturparadies. Über 300.000 Was-servögel bevölkern den See während der kalten Jahreszeit. Andere Arten haben sich die Schilfgürtel und Flachwasserzonen des Boden-sees ebenso wie die vielen anderen Seen, Moore und Sümpfe Ober-schwabens zum ganzjährigen Lebensraum ausgewählt. Haubentau-cher etwa, die wie in einem Naturtheater spektakuläre Balztänze aufführen.

Doch nicht nur gefiederte Gäste erfreuen sich am Bodensee: Vie-le Urlauber und Ausflügler besuchen regelmäßig das Bodenseege-biet und Oberschwaben, um in den von den gewaltigen Gletschern der letzten Eiszeit geprägten Landschaften romantische Natur zu erleben und zu genießen. Ist diese Landschaft zwischen Donau und Alpenrand schon ein ökologisches Highlight schlechthin, so gibt es dort noch eine Menge anderer, vielfach unbekannter Naturwunder zu entdecken. Geheimnisvolle Schluchten gehören ebenso dazu wie bizarre Felsen, wilde Bäche, seltsame Kalkterrassen, sagenumwobe-ne Baumgestalten, ein wackelnder Wald und ein Tisch, an dem nur der Teufel Platz nimmt. Marion Rapp hat sie aufgespürt und ist mit großer Erzählfreude und beeindruckenden Fotos den Besonderhei-ten und Geheimnissen von 111 Naturwundern rund um den Boden-see und in Oberschwaben nachgegangen. Naturhighlights zwischen Ulm, Biberach, Bad Saulgau, Ravensburg, Lindau und Bregenz. Wunder der Natur zwischen Friedrichshafen, Konstanz, Singen und Schaffhausen, unter denen selbst ausgewiesene Heimat- und Natur-kenner noch neue Highlights entdecken werden.

Claus-Peter Hutter, Herausgeber

111 Orte

1 Der Aachtopf
Wasser en masse

An Superlativen fehlt es dem Aachtopf nicht. Die größte und wasserreichste Karstquelle Deutschlands schüttet durchschnittlich 8.590 Liter Wasser pro Sekunde aus einer 18 Meter tiefen Quellhöhle und bringt damit die Radolfzeller Aach auf ihren Weg in den Bodensee. Zum Vergleich: In eine normale Badewanne passen 160 Liter. Die Aachquelle könnte also in nur einer Sekunde über 50 Badewannen mit Wasser füllen! Und dies ist nur der Durchschnittswert. Wie bei Karstquellen üblich schwankt die Schüttung übers Jahr gewaltig. In Spitzenzeiten nach starken Niederschlägen schafft die Quelle sogar 24.000 Liter pro Sekunde!

Die unglaubliche Menge an Wasser allein ist es jedoch nicht, die den Aachtopf zu einer Berühmtheit macht. Vielmehr ist es die Herkunft des Wassers. Gespeist wird die Quelle nämlich zum größten Teil vom Donauwasser, das zwischen Immendingen und Fridingen ganz plötzlich im Untergrund verschwindet. Unterirdisch fließt es rund zwölf Kilometer durch Hohlräume im Karstgestein bis zum Wiederaustritt nach wenigen Tagen an der 183 Höhenmeter tiefer liegenden Aachquelle. Was lange Zeit nur vermutet wurde, war 1877 gewiss, als der Geologe Adolf Knop von der Technischen Hochschule Karlsruhe das Wasser der Donau mit Salz, Schieferöl und grün fluoreszierendem Farbstoff versetzte und nachwies, dass genau dieses Wasser – grün leuchtend und salzig – am Aachtopf wieder austrat.

Was für viele eine faszinierende Laune der Natur ist, barg jedoch auch einigen menschlichen Zwist: Bei Wasserengpässen versuchten die württembergischen Donauanrainer das eine ums andere Mal, die Schlucklöcher der Donau zu verstopfen, um das wertvolle Nass nicht den wenig geschätzten badischen Aachanrainern zu überlassen. Heute gibt es glücklicherweise das gemeinsame Bundesland Baden-Württemberg, und dieser Streit ist (gerade auch in Zeiten der Bodenseewasserversorgung) aus dem Weg geräumt.

Adresse D-78267 Aach im Hegau | **Anfahrt** A 81 bis Ausfahrt Engen, weiter auf der B 31 bis Aach, dort der Beschilderung zur Aachquelle folgen | **Tipp** Bei einem Spaziergang bergwärts des Quelltopfes kann man am mittelalterlichen Turm vorbei in nördlicher Richtung zwei große eingestürzte Dolinen erkennen – Zeugen der eingestürzten Quell-höhle im Untergrund.

2 — Das Bodensee-Vergissmeinnicht

Vom Verzaubern und Vergessen

Es gibt T-Shirts vom Bodensee, Tassen, Mützen und viele Erinnerungssouvenirs mehr. Dass es jedoch auch ein eigenes Blümlein am See gibt, das wissen viele nicht. Es ist allerdings keine Marketingstrategie der Tourismusindustrie, sondern eine natürliche Besonderheit: das Bodensee-Vergissmeinnicht (lat: Myosotis rehsteineri).

In flächenhaften Teppichen von zwei bis zehn Zentimetern Höhe säumt es die sehr wenigen noch unverbauten oder mittlerweile renaturierten Uferlinien des Bodensees wie etwa das Mehrerauer Seeufer bei Bregenz oder das Ufer des Campingplatzes Hegne am Untersee. Zahlreiche fliederfarbene bis himmelblaue Blüten verzaubern dort im April und Mai mit zurückhaltendem Charme die Gegend.

Nach den Eiszeiten umrahmten im Frühjahr weitläufige Blütenteppiche die Gletscherseen zu Füßen der Alpen. Übrig geblieben ist davon noch ein kleiner Rest. Anfang der 1990er Jahre zählte das Bodensee-Vergissmeinnicht gar zu den seltensten Pflanzen Mitteleuropas! Sein Lebensraum, die nährstoffarmen, oft überfluteten Sand- und Kiesböden entlang der Uferlinien, wird immer begrenzter. Vor allem die verbauten Ufer und der Nährstoffeintrag durch die Landwirtschaft und die Luftverschmutzung setzen der Strandrasenart stark zu.

Auch der Klimawandel macht dem Blümchen zu schaffen, denn durch die Änderungen der Temperaturen und der Niederschlagsverhältnisse ändern sich auch die typischen Wasserstände des Bodensees. Die auf saisonale Überflutungen angewiesene Pflanze erträgt die langen Durstphasen ohne Wasser in den zunehmend trockenen und heißen Sommermonaten nur sehr schwer. Dank gezielter Pflegemaßnahmen und Wiederansiedelungen gehört die botanische Rarität heute nicht mehr zu den seltensten Arten Mitteleuropas – Entwarnung bedeutet das allerdings leider noch lange nicht.

Adresse Seeufer bei D-78476 Allensbach-Hegne | **Anfahrt** über die B 33 Richtung
Konstanz, bei Hegne rechts zum Campingplatz (Nachtwaid 1) abbiegen | **Tipp** Auch in
anderen Strandbädern mit renaturierten Uferzonen wie etwa in Wallhausen, Klausenhorn
oder am Mehrerauer Seeufer bei Bregenz kann das Bodensee-Vergissmeinnicht zur
Blütezeit zwischen April und Mai bewundert werden.

3 Die Marienschlucht

Herrschaftlich herrlich

Warum heißt der Bodensee eigentlich Bodensee? Grund dafür ist der kleine Ort Bodman am Nordwestende des Sees, der ab dem 9. Jahrhundert Sitz der fränkischen Königspfalz Bodama war. Der einst gebräuchliche Name »Bregenzer See« war schnell vergessen, als sich Ludwig der Deutsche und Karl der Dicke aus dem Karolingergeschlecht recht gerne und oft auf ihrer Burg am See aufhielten und dabei die Bezeichnung »Lacus Bodamicus« prägten. Doch nicht nur der See selbst hat seinen Namen von der Königspfalz, auch das Adelsgeschlecht der zu Bodmans, die ihren Stammsitz dort seit über 850 Jahren haben. Aus ebendiesem Adelsgeschlecht war es nun Othmar, der sich 1897 mit seiner Auserwählten Maria Gräfin von Walderdorff verlobte. Dies nahm sein Vater Johann Franz Freiherr zu Bodman zum Anlass, ein bislang unzugängliches Gebiet seines umfangreichen Besitzes für die zahlreichen Gäste zu erschließen und nach Maria, der Zukünftigen seines Sohnes, zu benennen: die heutige Marienschlucht am südlichen Steilufer des Überlinger Sees.

Bis heute ist die Marienschlucht im Besitz der zu Bodmans geblieben und wohl das bekannteste Naturphänomen am Bodensee. Bis zu 100 Meter tief hat sich der Bach in die Molassefelsen eingegraben und so die 100 Meter lange Schlucht zwischen Bodman und Wallhausen geschaffen. Auf 230 Holzstufen zwischen bis zu 30 Meter hohen Felswänden können Besucher die Klamm erklimmen, die stellenweise nur einen Meter breit ist! Seitlich am Weg oder unter den Stufen hindurch plätschert das Wasser, das sich über Jahrtausende hinweg unermüdlich den Weg in den See gesucht hat. Und das teilweise mit immenser Gewalt: Nach einem verheerenden Erdrutsch 2015 ist die Marienschlucht derzeit (Stand 2018) gesperrt, da in und um die Schlucht herum akute Lebensgefahr besteht. Sie wird auch mit dem Boot nicht angefahren. Mit einer Öffnung der Schlucht darf erst ab 2020 wieder gerechnet werden.

Adresse D-78476 Allensbach-Langenrain | **Anfahrt** A 81 bis Kreuz Hegau, auf der B 33 weiter nach Konstanz, von Konstanz über die L 220 nach Langenrain, kurz vor dem Ortseingang nach rechts zum Parkplatz beim Golfplatz am oberen Ende der Schlucht; über einen Landesteg am unteren Ausgang der Schlucht bestehen Schiffsverbindungen unter anderem nach Bodman, Ludwigshafen, Sipplingen und Überlingen | **Tipp** Ein tolles Erlebnis ist die Anfahrt mit dem Kanu vom Strandbad in Wallhausen oder von Bodman (www.lacanoa.com).

4 Der Wild- und Freizeitpark
Lebendige und stählerne Überflieger

Steinadler können bis zu fünf Kilogramm schwer werden, und trotzdem wirkt der riesige Greifvogel, der sich bei der Flugvorführung im Wild- und Freizeitpark Allensbach in die Lüfte schwingt, ganz leicht und elegant. Die Luft ist offensichtlich sein Element, er gleitet außerordentlich wendig und voller Energie über die Köpfe der Zuschauer hinweg, dreht sich sogar auf den Rücken, als ob er es für die staunenden Familien unter ihm einstudiert hätte. Neben dem respekteinflößenden Steinadler kann man an die 20 weitere faszinierende Greifvögel wie Habichte, Milane, Falken, Uhus und Bussarde beim Gleit- und Sturzflug bewundern und dabei viel über sie erfahren.

Ein Stückchen weiter in der Parkmitte, dort, wo mehr Freizeitpark als Wildpark herrscht, steht dann der nächste Überflieger, allerdings ohne scharfen Schnabel und ohne Krallen. Die jüngste Attraktion im Park ist die Überflieger-Schaukel, mit der man tatsächlich einen Überschlag schafft.

Gut, dass bei so viel Action das gegenüberliegende Bärengehege groß und weitläufig genug ist, damit sich die stämmigen, braunen, etwas behäbig wirkenden Bären ganz schnell verziehen können, wenn ihnen der Trubel zu viel wird. Zwei Hektar groß ist das Gehege, da sollte sich doch ein geeignetes Versteck finden! Auch die anderen Tiere im Park – wie die majestätischen Hirsche, die Wisente oder Luchse – können sich in den großen Arealen größtenteils frei bewegen. Der Spazierweg führt vorbei an Muffel-, Schwarz- und Steinwild, die Kleinsten werden in einem Streichelzoo an Kreatur und Natur herangeführt. Im Erlebnisgarten, einem grünen Klassenzimmer, kann man viel über heimische Pflanzen und Tiere erfahren.

Der Park bietet also neben der eigentlichen Attraktion, den Wildtieren, auch jede Menge Drumherum. Und ob nun lebendige oder stählerne Überflieger: Die Zeit vergeht wie im Flug.

Adresse Gemeinmärk 7, D-78476 Allensbach-Langenrain, www.wildundfreizeitpark.de | **ÖPNV** Mai–Mitte Sept. fährt die Buslinie 8 ab dem Busbahnhof Radolfzell über Markelfingen zum Park. | **Anfahrt** A 81 bis Kreuz Hegau, über die B 33 Richtung Konstanz bis zur Ausfahrt Allensbach-Mitte, dann links abbiegen und über Kaltbrunn zum ausgeschilderten Wild- und Freizeitpark fahren. | **Öffnungszeiten** Park: Sommer 9–19.30 Uhr, Winter 10–19.30 Uhr, Einlass jeweils bis 17 Uhr, Falknershow: Di–So 11 und 15 Uhr | **Tipp** Im Landgasthaus Mindelsee unweit des Wild- und Freizeitparks gibt es gute gutbürgerliche Gerichte, beim Essen auf der Terrasse kann man teils die Greifvögel der Greifvogelschau gleiten sehen, wenigstens aber die begeisterten Zuschauer klatschen hören!

5 Der Altshauser Weiher

Wo der Rohrspatz nichts zu schimpfen hat

Oberschwaben ist das Land der Seen, Riede, Moore und Sümpfe. Über 2.300 stehende Gewässer gibt es in der Region, vom offenen Gewässer bis zum Hochmoorkomplex sind alle Verlandungsstufen in der Landschaft zu finden. Die Ursache dafür waren die Eiszeiten, welche der Region ihr heutiges Gesicht verliehen. Doch nicht ausschließlich: Einige der Tümpel und Weiher wurden im Mittelalter auch von der Bevölkerung als Fischteiche geschaffen, meist als klösterliche Kulturen. Der Altshauser Weiher etwa ist solch ein ehemaliges Fischgewässer, das 1276 von Rittern des Deutschen Ordens in einem ehemaligen Seebecken angelegt wurde. Heute ist der Weiher ein bedeutender Trittstein im internationalen Vogelzug und wichtiger Brut- und Rastplatz für Haubentaucher, Rohrammer, Teichrohrsänger, Zwergdommel und Co. Ein dichter Schilfgürtel, Streuwiesen und Buchenwald säumen weite Teile des Ufers, seit den 1970er Jahren steht das Gebiet unter Naturschutz.

Neben Vögeln, Insekten, Amphibien und Fischen zieht es eine weitere Art regelmäßig an den Weiher: die Wasserratten – allerdings im übertragenen Sinne. Denn der Weiher ist beliebtes Badegewässer, am südöstlichen Ufer liegt das idyllische Altshauser Naturstrandbad.

Die Wasserqualität des Weihers ist bestens zum Baden geeignet, auch dank des »Aktionsprogramms zur Sanierung Oberschwäbischer Seen«. Dieses Programm wurde 1989 ins Leben gerufen, um die teils stark mit Nähr- und Schwemmstoffen belasteten oberschwäbischen Seen langfristig vor der Verlandung zu schützen. Insgesamt 97 Seen und Weiher aus 45 Gemeinden der Landkreise Sigmaringen, Biberach, Ravensburg und dem Bodenseekreis nehmen derzeit am Aktionsprogramm teil. Am Altshauser Weiher wurden so die Kläranlage Haggenmoos gebaut, ufernahe Gebiete extensiviert, ein Sedimentationsbecken eingerichtet und ein Biotopvernetzungsplan im Einzugsgebiet des Weihers aufgestellt.

Adresse D-88361 Altshausen | **Anfahrt** B 30 Ulm/Ravensburg/Friedrichshafen bis Ausfahrt Weingarten, auf der B 32 bis Altshausen-West, die B 32 führt direkt am Altshauser Weiher vorbei, Parkmöglichkeiten gibt es am Freibad | **Tipp** Im barocken Schloss Altshausen, der ehemaligen »Deutschordens-Immobilie«, wohnt heute Carl Herzog von Württemberg, das Oberhaupt der herzoglichen Familie. Das Schloss selbst ist nicht zu besichtigen, Teile des Parks und die Kapelle sind allerdings frei zugänglich.

6 Der Illerdurchbruch

Steiniger Umweg

Zugegeben, der Rheindurchbruch bei Bingen oder das Eiserne Tor, der Donaudurchbruch durch die südlichen Karpaten im Grenzbereich von Rumänien und Serbien, sind spektakulärer. Der Illerdurchbruch bei Altusried beeindruckt dennoch durch die meterhohen Schluchtwände und den natürlichen Auwaldstreifen mit seiner Artenvielfalt. Kormorane, Graugänse, Haubentaucher und verschiedene Entenvögel leben dort am Ufer in den dichten Weidenbeständen und Röhrichtflächen.

Der Blick von der Burgruine Kalden steil am bis zu 60 Meter mächtigen Prallhang der Iller hinunter, über die fast kreisrunde Illerschleife, macht die Kraft des Wassers sichtbar – auch wenn sie durch Stauwehre im Oberlauf gebrochen wurde. Über Jahrtausende hat sich der Fluss in die Gesteinsmassen tief eingegraben und schlängelt sich ab dem Durchbruch rund 1,5 Kilometer nordöstlich von Altusried malerisch durch die End- und Seitenmoränen des ehemaligen Illergletschers.

Wie bei allen Durchbruchstälern kommt bei solch einem Anblick die Frage auf, ob der Fluss denn keinen einfacheren Weg Richtung Donau gefunden hat. Tatsächlich floss die Iller vor der letzten Eiszeit noch im Memminger Tal gen Norden, östlich des heutigen Illertals. Der heutige Verlauf der Iller entschied sich zu Beginn der folgenden Warmzeit: Der Illergletscher reichte damals bis weit ins Alpenvorland hinein bis auf die heutige Höhe von Altusried, wo er gewaltige Schuttberge als End- und Seitenmoränen abgelagert hatte. Nach dem Rückzug des Gletschers blieb erst ein See, der von Kempten bis Altusried reichte, zurück. Dieser lief nach und nach aus, als sich das Wasser in einem ehemaligen Schmelzwasserabfluss des Gletschers, dem heutigen Flussbett der Iller, seinen günstigsten Weg zur Donau hin suchte. Unterhalb von Memmingen tritt der Fluss dann wieder in sein ehemaliges Flussbett im Memminger Tal ein.

Adresse D-87452 Altusried | **Anfahrt** A 7 bis Ausfahrt Dietmannsried, weiter über Dietmannsried und Krugzell bis nach Altusried, von Altusried nach Norden auf der Kaldener Straße fahren, nach circa 2 Kilometern bei Kalden nahe der Kapelle parken und zu Fuß dem ausgeschilderten Weg folgen | **Tipp** In einer halben Stunde kann man auf romantischem Weg ins Illertal absteigen und die fast 100 Meter hohen Nagelfluhwände (Nagelfluh ist ein Gestein, das sich aus den eiszeitlich abgelagerten Kiesen und Schottern der Schmelzwasserflüsse verfestigt hat) von unten betrachten.

7__ Der Federsee
Vogelbett und Filmvorlage

Für Alfred Hitchcocks Horrorklassiker »Die Vögel« wäre der Starenzug am Federsee bei Bad Buchau sicher eine tolle Inspiration gewesen. Im Herbst sammeln sich auf den Bäumen am Federseeparkplatz nämlich allabendlich unzählige Stare, die dann gemeinsam in den 250 Hektar großen Schilfgürtel des Feuchtgebiets einfliegen, um dort zu übernachten. Am Himmel sieht man dann den beeindruckenden Formationsflug der Vögel, der zwar bei Filmbegeisterten Hitchcock-Assoziationen weckt, aber in natura absolut gar nichts Bedrohliches hat. Im Gegenteil: Das Rauschen der Vogelflügel in der Abenddämmerung beim Einfallen ins Schilf hat eher etwas faszinierend Beruhigendes. Die hohen Halme des Schilfes bieten einen idealen sicheren und ungestörten Schlafraum für die Vogelschar.

Der geschlossene, riesige Schilfgürtel am Federsee ist Teil des abwechslungsreichen und vielseitigen Landschaftsmosaiks am stark verlandeten ehemaligen Gletscherschmelzwassersee, das Naturerlebnisse en masse bietet.

Hier kann man die seltene Rohrweihe, einen bussardgroßen Greifvogel, mit etwas Glück bei der Aufzucht entdecken. Fischadler suchen im durchschnittlich nur einen Meter tiefen Federsee nach Nahrung, zwölf verschiedene Fledermausarten jagen in den Feuchtwiesen nach Insekten, und botanische Raritäten der letzten Eiszeit wie Karlszepter, Kriechweide und Strauchbirke haben im besonderen Klima des Moores die Jahrtausende überlebt.

Vom Federseesteg aus kann man von Juni bis August in den stillen, flachen Buchten des fast eineinhalb Quadratkilometer großen Gewässers See- und Teichrosen blühen sehen, die riesige Teppiche auf der Oberfläche bilden. Dann brüten auch die seltenen Fluss-Seeschwalben auf den von den Mitarbeitern des Naturschutzbundes ausgebrachten Brutflößen im See. Vom Steg aus können die Tiere beim Stoßtauchen beobachtet werden.

Adresse D-88422 Bad Buchau | **ÖPNV** Bahnbus ab Bad Schussenried, Biberach oder Riedlingen bis Bad Buchau, Bushaltestelle Hauptstraße | **Anfahrt** aus Richtung Ulm kommend auf der B 30 Richtung Friedrichshafen / Biberach bis zur Ausfahrt »Federsee«, in Bad Buchau der Beschilderung »Federsee« folgen und beim Federseemuseum parken | **Tipp** Die NABU-Mitarbeiter des Naturschutzzentrums Federsee zeigen bei den öffentlichen Führungen die Tiere und Pflanzen des Federseemoors und erklären die Besonderheiten der Moorlandschaft. Für Familien bieten sie den fertig gepackten Naturerkundungs-Rucksack zum Ausleihen an (www.nabu-federsee.de).

8_ Der Wackelwald

Das Naturtrampolin

Hier kann jeder was bewegen: Im Wackelwald in Bad Buchau reicht ein kräftiger Sprung auf den Waldboden, um die meterhohen Bäume ringsherum zum Schwanken zu bringen. Bei jedem Schritt federt der moorige Untergrund unter dem Besucher mit, und der Wald drum herum stimmt mit ein. Wie könnte das Moorgebiet, in dem sich dieses Naturphänomen befindet, denn anders heißen als Federseemoor?!

Nach der letzten Eiszeit stauten die von den Gletschern zurückgelassenen Moränenhügel einen Schmelzwassersee nördlich von Bad Buchau auf, den Federsee. Mit der Zeit verlandete dieser immer weiter, und es entstand das Federseemoor. Der Wackelwald steht auf dem besonders nach Regen sehr nachgiebigen Moorboden, der beim Darüberlaufen stark an ein Wasserbett erinnert. Die dicke Torfschicht unter dem Wald ist nicht sonderlich stabil, es sind hauptsächlich die Wurzeln der Bäume, die den Wald überhaupt erst betretbar machen.

Früher wurde der reine Fichtenwald forstwirtschaftlich genutzt, davor befand sich an der Stelle ein Eisweiher. Heute entsteht dort wieder ein artenreicher, natürlicher Moorwald mit Moorbirken, Fichten, Ebereschen, Faulbäumen und verschiedenen Weiden. Das Gebiet kann man auf dem Erlebnispfad durch den Wackelwald nahe dem Kurpark Bad Wurzach an acht Stationen mit all seinen Facetten kennenlernen, und zwar auf sinnliche Weise: Das Geheimnis des Moorpuddings darf gelüftet werden, statt Smartphone gibt es ein Baumtelefon, und das Naturtrampolin mit Wackeleffekt fordert zum Ausprobieren auf. Nicht nur für Kinder ein Riesenspaß! Nebenbei werden die Entstehung des Moors sowie die Tier- und Pflanzenwelt des wertvollen Lebensraumes erklärt, vom Aussichtsturm können Tiere beobachtet werden. Auch dem Körper selbst kommt der Ausflug zugute, schließlich gibt es kein gelenkschonenderes Spazierengehen als das auf der soften Moorfläche!

Adresse D-88422 Bad Buchau | **ÖPNV** Bahnbus ab Bad Schussenried, Biberach oder Riedlingen bis Bad Buchau, Bushaltestelle Hauptstraße | **Anfahrt** aus Richtung Ulm kommend auf der B 30 Richtung Friedrichshafen / Biberach bis zur Ausfahrt »Federsee«, in Bad Buchau der Beschilderung »Federsee« folgen und beim Federseemuseum parken | **Tipp** Im Federseemuseum wird das Leben der Stein- und Bronzezeit anhand der Jungsteinzeitfunde im Riedgebiet veranschaulicht (www.federseemuseum.de).

9 Das Thermalwasser
Wo es heiß hergeht

Es riecht nach Schwefelwasserstoff, und es schmeckt nach Schwefelwasserstoff. Das bestätigte sogar das Geologische Landesamt Baden-Württemberg. Unangenehm ist es trotz allem in keiner Weise. Im Gegenteil: Mit 41 Grad Celsius kommt das Nass aus der Erde und umschmeichelt, entspannt und heilt seit 1984 die Besucher der Sonnenhof-Therme. Das Wasser aus Baden-Württembergs ergiebigster Thermalquelle ist wohltuend, entspannend, reich an Mineralstoffen und hilft vor allem bei Rheuma und anderen chronischen Erkrankungen des Bewegungsapparates. Dafür muss es allerdings erst einen ganz schön langen Weg zurücklegen, denn es kommt aus 600 Metern Tiefe, wo es sich in den Klüften und Spalten des Weißen Juragesteines erwärmt. Deshalb heißt es ja auch »Thermalwasser«, weil es im Vergleich zum umliegenden Grundwasser wärmer ist.

Warum aber erhitzt sich das Wasser gerade unter Bad Saulgau? Im Südwestdeutschen Schichtstufenland wurden die verschiedenen Gesteinsschichten vor etwa 30 Millionen Jahren durch das Einsinken des Oberrheingrabens schräg gestellt und gekippt, sodass die Schwäbische Alb und der Schwarzwald entstanden. Die Schwäbische Alb besteht unter anderem aus dem Gestein des Weißen Jura, der an der Grenze der Alb zu Oberschwaben nicht einfach abbricht, sondern in tieferen Erdschichten weiterläuft. Regnet es nun auf der Schwäbischen Alb, dringt das Regenwasser ins poröse und kluftige Kalkgestein ein und fließt teilweise unterirdisch in die tieferen Weißjuraschichten unter Oberschwaben, wo es sich – weil es im Erdinneren ja wärmer ist – erhitzt.

Nicht nur in Bad Saulgau, das sich auch als Storchenkommune einen Namen gemacht hat, findet man deshalb Thermalquellen, auch in Bad Buchau, Bad Wurzach, Aulendorf, Biberach und Bad Waldsee geht es heiß her. So konnte sich Oberschwaben zu einer Art Gesundheitslandschaft mit zahlreichen Kurzentren und Thermen entwickeln.

Adresse Sonnenhof-Therme, Am Schönen Moos 1, D-88348 Bad Saulgau, www.sonnenhof-therme.de | **Anfahrt** von Ulm auf der B 30 Richtung Friedrichshafen bis Ausfahrt Bad Buchau / Bad Saulgau, weiter auf der L 284/283 nach Bad Saulgau, aus Richtung Ravensburg / Weingarten über die B 32 nach Bad Saulgau, dort der Beschilderung zur Sonnenhof-Therme folgen | **Öffnungszeiten** Juni – Sept. täglich 8 – 21 Uhr, Sept. – Mai 8 – 22 Uhr | **Tipp** Wer nicht die ergiebigste, sondern die heißeste Thermalquelle Oberschwabens besuchen möchte, der ist in Bad Waldsee richtig. Dort sprudelt aus 1.500 bis 2.000 Metern Tiefe fluorid- und schwefelhaltiges Wasser mit einer Temperatur von knapp 65 Grad aus der Erde (www.waldsee-therme.de).

10 Das Museumsdorf

—— Es war einmal …

Im Museumsdorf Kürnbach gibt es noch echte Rindviecher, und das ist eine Besonderheit. Auf der Weide vor den über 30 historischen Gebäuden aus sechs Jahrhunderten grasen gemütlich und scheinbar durch nichts aus der Ruhe zu bringen original Braunviehrinder. Die dunkelbraunen Tiere sind heute – ähnlich wie die Bauernhäuser, die Einblicke in den Alltag vergangener Tage gewähren – vor allem ein Stück Erinnerung. Denn die alte Rasse ist selten geworden, seit Rinder ausschließlich als Fleisch- oder Milchproduzenten in einer auf Hochleistung getrimmten Nutztierhaltung gelten.

Heute bestimmen wenige, auf maximalen Ertrag gezüchtete Rassen das Nutztierportfolio, und alte Haustiere – wie das Braunvieh, das Limpurger Rind oder das Vorderwälderrind – verschwinden zunehmend aus der Landschaft und sterben nach und nach aus. Mit dem Aussterben geht auch ein Stück Landschaftsgeschichte und ein Kulturgut verloren, ganz abgesehen vom genetischen Potenzial, das für immer verschwindet.

Gut also, dass die robusten Tiere, die sowohl Fleisch als auch Milch liefern und zudem noch schweres landwirtschaftliches Gerät ziehen könnten, im Museumsdorf einen Lebensraum gefunden haben.

Sie sind nicht die Einzigen, auch Hahn Heinrich und sein Hühnerharem, ein paar Zwergziegen und die wolligen Merinofleischschafe sind Nutztiere, die früher auf oberschwäbischen Bauernhöfen ganz typisch waren, heute aber zunehmend seltener werden.

In Kürnbach sind sie alle ein lebendiger Teil des Freilichtmuseums, das vor allem die oberschwäbische ländliche Arbeitswelt und die Wohnkultur vergangener Tage anschaulich vermittelt. Auf weitläufigen Hochstamm-Obstwiesen werden über 200 Apfelsorten angebaut und damit erhalten, einstige Werkstätten gewähren Einblicke in die Arbeit der Sattler, Küfer, Schneider, Flaschner, Geigenbauer sowie Schuh-, Schindel-, Bürsten- und Korbmacher.

Adresse Oberschwäbisches Museumsdorf Kürnbach, Griesweg 30, D-88427 Bad Schussenried-Kürnbach | **ÖPNV** Der Bahnhof Bad Schussenried liegt fußläufig zum Freilichtmuseum. | **Anfahrt** B 30 Ulm / Friedrichshafen, den Schildern nach Bad Schussenried und / oder »Oberschwäbisches Museumsdorf Kürnbach« folgen | **Öffnungszeiten** April – Nov. täglich 10 – 18 Uhr | **Tipp** Neben einem abwechslungsreichen Veranstaltungsprogramm bietet das Museumsdorf auch Kurse, bei denen alte Handwerkstechniken wie etwa das Sensenmähen, das Filzen, das Korbflechten oder Eisenschmieden erlernt werden können (www.museumsdorf-kuernbach.de).

11_Die Schussenquelle

Hier scheiden sich die Wässer

Man sieht es kaum, das Quellwasser der Schussen, so glasklar und ruhig überzieht es den sandig-steinigen Untergrund mitten im Wald nördlich von Bad Schussenried. Leise macht es sich auf seinen 60 Kilometer langen Weg durch Oberschwaben, lässt Aulendorf hinter sich, fließt im Schussentobel durch den Altdorfer Wald, weiter vorbei an Weingarten, Ravensburg und Meckenbeuren, bis es sich – nunmehr unübersehbar – in den Bodensee zwischen Eriskirch und Langenargen ergießt.

Rein gar nichts deutet hier an der Quelle auf den hohen Verschmutzungsgrad hin, für den die Schussen lange berüchtigt war. Beim Schadstoffeintrag nahm der Fluss nämlich eine Spitzenposition im Vergleich zu anderen Bodenseezuflüssen ein. Dank der intensiven Belastungsanalysen, Sanierungsmaßnahmen und eines modernen Abwassermanagements ist dies jedoch Vergangenheit, was natürlich auch die Bodenseeanrainer mächtig erfreut.

Die Schussen entspringt am nördlichsten Punkt der Endmoräne des eiszeitlichen Rheingletschers, die gleichzeitig als europäische Wasserscheide gilt. Während die Flüsse nördlich des Moränenwalles der Donau und damit dem Schwarzen Meer zufließen, strömt das Wasser der Schussen und ihrer Zuflüsse über den Bodensee in den Rhein und schließlich in die Nordsee. Und nicht nur das Wasser, sondern eben auch all die Schad- und Frachtstoffe aus natürlichen und industriellen Abwässern sowie der intensiven Landwirtschaft, die es im Gepäck hat.

Ein paar wenige Tropfen halten sich allerdings nicht an die naturgegebene Wassergrenze: Das Wasser des südlichen Federseerieds fließt unterirdisch der Schussenquelle zu und ignoriert damit die oberirdische europäische Wasserscheide. Wäre da nicht der Mensch, der im Zuge der Federseeabsenkung Anfang des 19. Jahrhunderts den Kanzachkanal schuf, der das meiste Wasser des südlichen Rieds nun doch der Donau zuschanzt.

Adresse D-88427 Bad Schussenried-Roppertsweiler | **Anfahrt** von Ulm über die B 30 Richtung Friedrichshafen / Biberach bis Ausfahrt Bad Schussenried, über die K 7563 und die L 284 nach Bad Schussenried, dort auf der L 275 Richtung Bad Buchau fahren, hinter Roppertsweiler auf die L 283 Richtung Ingoldingen fahren und hinter den Bahngleisen rechts »Zum Schussenursprung« abbiegen | **Tipp** Im Gletschergarten in der Nähe des Klosters in Bad Schussenried sind Findlinge, welche bei der letzten Eiszeit abgelagert wurden, ausgestellt und beschriftet. Sie wurden beim Bau der Eisenbahn 1896 gefunden.

12__Das Torfbähnle

Fahrt in die Geschichte

Nicht immer war die geheimnisvolle Moorlandschaft nördlich von Bad Wurzach ein Eldorado für Naturliebhaber. Im Gegenteil: Über 200 Jahre wurde dort Torf gestochen, und zahlreiche Arbeiter, teilweise eigens aus Italien angereist, verdienten im Wurzacher Ried ihr täglich hartes Brot.

Die dicke Torfschicht wurde als Brenntorf, später als Badetorf für die Bad Wurzacher Kurbetriebe erst von Hand, dann industriell abgebaut. Dafür waren einige Anstrengungen nötig: Moorwälder wurden gerodet, das Moor musste entwässert und ein Kanal errichtet werden.

Bis in die entfernte Landeshauptstadt Stuttgart wurde der Torf damals Anfang des 20. Jahrhunderts geliefert, die Eisenbahn machte es möglich. Und weil die Stuttgarter enormen Bedarf an Brennmaterial hatten, wurde so viel Torf abgebaut, dass dadurch sogar ein See im Ried entstand, der bis heute den Namen der südwestdeutschen Schwabenmetropole trägt: der Stuttgarter See.

Auch nach der Einstellung des Torfabbaus aus wirtschaftlichen Gründen und zugunsten eines vielgestaltigen Ökosystems sind diese Kulturstätten im Ried natürlich immer noch sichtbar. Dazu gehören der Stuttgarter See wie auch der Riedsee als ehemalige Torfstiche, der Riedkanal und das urige Torfbähnle, das vom Heimatverein »Wurzen« wieder instand gesetzt wurde. Früher transportierte es den Torf ab, heute fährt es nach allen nötigen behördlichen Prüfungen Besucher in das vielseitige Landschaftsmosaik vorbei am Stuttgarter See entlang des Riedkanals bis ins ehemalige Haidgauer Torfwerk. Den Passagieren eröffnen sich dabei imposante Blicke in das riesig große Schutzgebiet und in die schaffige Vergangenheit. Denn der Bähnleführer vom Wurzenverein hat spannende Geschichten zu erzählen, die in keinem Reiseführer der Welt stehen. Geschichten über eine Zeit, über die langsam Moor-Pfeifengras und andere Lebensraumspezialisten wachsen.

Adresse Oberschwäbisches Torfmuseum mit Torfbahn, Dr.-Harry-Wiegand-Straße 4/1, D-88410 Bad Wurzach. | **Anfahrt** A 96 Ausfahrt Leutkirch West, auf der B 465 Richtung Bad Wurzach. Ausgangspunkt für die Bähnlefahrt ist das Oberschwäbische Torfmuseum direkt an der B 465. | **Öffnungszeiten** April – Okt. jeden 2. So und jeden 4. Sa im Monat 13.30, 14.30 und 15.30 Uhr; die Fahrt dauert etwa 50 Minuten | **Tipp** Der Torflehrpfad am Wanderweg 1 im Wurzacher Ried mit zwölf Informationstafeln bringt Interessierten die Geschichte rund um den Torfabbau im Wurzacher Ried anschaulich und spannend näher.

13 — Das Wurzacher Ried
Wo Pflanzen Fliegen fangen

Was muss das für ein Gefühl für die Schutzgebietsbetreuer gewesen sein, als sie 1989 das Diplom des Europarates für das Wurzacher Ried überreicht bekamen. Mit diesem Diplom werden Areale ausgezeichnet, deren »ökologischer, wissenschaftlicher, kultureller oder Erholungswert von besonderer europäischer Bedeutung« ist. Beim Wurzacher Ried wurde mit dem Diplom die ökologische Bedeutung des Gebietes als größte intakte Hochmoorfläche in Mitteleuropa hervorgehoben. Und damit natürlich auch die erfolgreiche Arbeit des Naturschutzzentrums Wurzacher Ried, welches das rund 1.800 Hektar große Moorgebiet und die Umgebung in Kooperation mit den Naturschutzbehörden, Kommunen und Verbänden betreut. Zudem informiert es Besucher über das Ried, bietet Führungen an und gibt Auskunft über Wanderwege. Die moderne, multimediale Dauerausstellung »MOOR Extrem« (im Schulgebäude des ehemaligen Klosters Maria Rosengarten) ist einen Besuch wert.

Ökologisch bedeutsam, was heißt das eigentlich im Klartext? Das Wurzacher Ried bietet eine Fülle verschiedener Moorlebensräume – wie Hochmoore, Niedermoore, Übergangsmoore, Riedwiesen und Moorwald –, die Pflanzen und Tiere beherbergen, die sonst nur noch selten vorkommen. Im Haidgauer Hochmoorschild und im Alberser Ried etwa, die beide sehr saure, nasse Böden besitzen, steht kaum ein Baum. Hier kommen nur Pflanzen vor, die an die nährstoffarme Umgebung angepasst sind. Das Wollgras, die Moosbeere oder der fleischfressende Sonnentau gehören dazu. Letzterer holt sich die Nährstoffe, die er braucht, nicht aus dem kargen, immer nassen Boden, sondern fängt mit den klebrigen Tentakeln an den Blättern kleine Insekten.

Ein Glück also, dass der Plan, das komplette Moorgebiet zu entwässern und für den industriellen Torfabbau zu nutzen, einst scheiterte. Denn ein Mangel an Wasser ist der Tod jeden Moores und damit auch derer, die dort beheimatet sind.

Adresse nördlich von D-88410 Bad Wurzach, www.naz-wr.de | **Anfahrt** A 96 Ausfahrt Leutkirch-West, auf der B 465 Richtung Bad Wurzach. In Bad Wurzach eignet sich der Parkplatz am Kurhaus, Kirchbühlstraße 1, als Ausgangspunkt. | **Tipp** Bad Wurzach ist das älteste Moorheilbad Baden-Württembergs. Im Gesundheitszentrum am Reischberg werden bis heute klassische und innovative Heilverfahren auf Basis des »Schwarzen Goldes« angeboten (www.gesundheitszentrum-am-reischberg.de).

14 Die Bisons

Wilder Westen auf dem Bodanrück

Aus der Ferne könnte man meinen, es wären zu groß geratene Kühe, die da auf dem Hochplateau des Bodanrücks zwischen dem Überlinger See und dem Untersee grasen. Der dunkelbraune, dicht behaarte Buckel der Tiere und das zottelige Gesichtskleid erinnern beim genaueren Hinsehen jedoch schnell an Wildwestfilme und Cowboyromantik. Ursprünglich kommen die Bisons auf dem Bodanrück auch aus der Heimat der Indianer, den weiten Prärien Nordamerikas. Es sind nämlich echte Amerikanische Bisons, die hoch über dem Bodensee grasen. Hierhergebracht haben sie drei Konstanzer Brüder, die genug hatten von ihren Berufen als Zimmermann, Architekt und Restaurator und sich für die Rinderzucht entschieden. Aus verschiedenen schweizerischen und holländischen Zoos erhielten sie die ersten Tiere, die sich nach und nach auf den rund 13 Hektar auf dem Bodanrück zu einer Herde von 20 Tieren mauserten.

Dass sich die Bisons auch außerhalb der nordamerikanischen Heimat wohlfühlen, zeigt sich am zahlreichen Nachwuchs im Frühjahr. Dann grasen die scheinbar durch nichts aus der Ruhe zu bringenden Wildrinder mit ihren Jungtieren auf der riesigen Koppel. Damit die Herde jedoch langfristig nicht zu groß wird, wird im Oktober geschlachtet. Ende Oktober gibt es in der nahe gelegenen Bisonstube Bodenwald dann eine Bison-Spezialitäten-Woche, und Gäste werden mit Steaks, Ragout und Würsten vom Wildrind verwöhnt.

Die Bisons auf dem Bodanrück sind längst eine Touristenattraktion geworden. Ein Rundweg führt um das Tiergehege, in der Bisonstube gibt es für Kinder einen Spielplatz und einen Streichelzoo. Die »Erlebnisgastronomie« lockt mit Events wie dem Büffel-Rock-Open-Air und anderen Konzerten. Auch wenn damit nicht jedermanns Musikgeschmack getroffen wird – artgerechte Tierhaltung und nachhaltiger Fleischgenuss werden auf jeden Fall erfolgreich verbunden!

Adresse Bisonstube Bodenwald, Bodenwald 1, D-78351 Bodman-Ludwigshafen (zwischen Bodman und Radolfzell-Liggeringen), www.bisonstube-bodenwald.de | **Anfahrt** A 81 bis zum Autobahnkreuz Hegau, weiter auf der B 33 und L 220 nach Radolfzell, von Radolfzell über die K 6167 über Möggingen und Liggeringen auf die K 6100 Richtung Bodman, am Waldrand rechts abbiegen und dem Hinweisschild zur Bisonstube folgen | **Tipp** Der Bodanrück lädt zum Wandern ein: Ausgehend von Bodman führt ein Rundwanderweg zur Burgruine Bodman und zum Kloster Frauenberg, bei den Bisons kann eine kleine Rast eingelegt werden.

15__Das Echotal
Der Berg ruft

Was haben Reiche in der Tasche? Wer Antwort auf diese Frage sucht, der sollte dem Echotal auf dem Bodanrück im Stöckenloch einen Besuch abstatten. Das Tal hat sich – wie die benachbarte berühmte Marienschlucht oder die Katharinenschlucht – tief in den halbinselartigen Molasserücken des Bodanrücks zwischen Überlinger See und Untersee eingeschnitten. Neben unverzüglichen Antworten auf laut ausgerufene Fragen bietet es auch ein Stück abgeschiedene Wildnis. Der Eingang zum Echotal ist vom Hauptwanderweg gut ausgeschildert, von dort führt dann ein kaum fußbreiter Trampelpfad in den Tobel. Hoch türmt sich direkt neben dem Pfad die Echowand aus der sandsteinartigen Süßwassermolasse auf, bis der Weg am Ende über einen Holzsteg auf die andere Seite des Tals zur Echogrotte führt. Dort, an der kleinen Ausbuchtung des Hangs, ist der ideale Platz, um Rast zu machen – und die Frage nach den Taschen der Reichen loszuwerden. Nach kaum einer Sekunde hallt das Echo von der gegenüberliegenden Felswand dann zurück und gibt die Antwort: Asche!

Besonders Kinder kann man damit für die kleine Wanderung auf dem Bodanrück begeistern, man sollte jedoch gerade im Sommer den Jüngsten nicht zu viel versprechen. Denn der Weg des Schalls ist mittlerweile zugewachsen, und das dichte Blätterdach der Bäume hindert dann den Fels mitunter am Antworten.

Zurück geht es dann über denselben Naturpfad bis zum Hauptwanderweg, der vom Seeufer kommend gut ausgebaut und kurvenreich durch den Wald auf die Höhen des Bodanrücks führt. Hier kann der Gang dann uferwärts Richtung Bodman fortgesetzt werden oder bergauf, dorthin, wo die Bisons der Bisonstube Bodenwald oder die Ruine Altbodman zum Besuch einladen. Egal, welche Variante man wählt, es warten – egal, zu welcher Jahreszeit – traumhafte Blicke auf den Überlinger See und Sipplingen am gegenüberliegenden Ufer.

Adresse südöstlich von D-78351 Bodman-Ludwigshafen | **Anfahrt** von der B 34 hinter Espasingen auf der K 6101 nach Bodman fahren, auf der Kaiserpfalzstraße durch den Ort, am Ortsende bei der Kirche parken und weiter zu Fuß am Seeufer entlang Richtung Marienschlucht gehen, nach circa 1 Kilometer zweigt der Weg zum Echotal rechts ab | **Tipp** Klares Wasser, wenig Wellen: Im Strandbad Bodman kann der Bodensee beim Stand-Up-Paddeling (SUP) aus einer neuen Perspektive erlebt werden (www.strandbad-bodman.de).

16 Das Stockacher Aachried
Vom vielen lieben Federvieh

Radolfzeller Aach, Bregenzer Ache, Dornbirner Ach, Seefelder Aach, Stockacher Aach: Angesichts der vielen Zuflüsse des Bodensees, die den Namen Aach / Ach tragen, kann man schon ein wenig durcheinanderkommen. Insgesamt sind es fünf, und abgesehen von der unterschiedlichen Schreibweise hat jeder Fluss seine eigene Charakteristik, sein eigenes Einzugsgebiet und letztlich seine unverwechselbare Mündung. So auch die Stockacher Aach zwischen Bodman und Ludwigshafen. Die Flussniederung ist vor allem bei Ornithologen beliebt, denn in dem rund 130 Hektar großen Naturschutzgebiet, das die eigentliche Mündung des Flusses umgibt, brüten, rasten, mausern und überwintern zahlreiche teils seltene Vögel. Über 200 Arten konnten bislang nachgewiesen werden, darunter auch eher seltene Gäste wie der Pirol, der Eistaucher und die Sumpfohreule. Haubentaucher sieht man beim Spaziergang durch das Ried beim Überqueren der Aachbrücke fast immer, besonders bei der Balz im Frühjahr hinterlassen sie einen bleibenden Eindruck: Dann schwimmen sie kopfschüttelnd aufeinander zu und paddeln so wild mit ihren Füßchen, dass sie beinahe senkrecht im Wasser stehen.

Ein weiterer fliegender Gast nutzt die ufernahen Bäume rund um die Aachmündung zur Rast: der Kormoran. Der gänsegroße, fischfressende Vogel ist jedoch nicht bei allen gern gesehen und sorgt für erhebliche Diskussionen am Bodensee. Fischer beklagen Fangeinbußen aufgrund des gefräßigen Kormorans und fordern eine Abschusserlaubnis, Naturschützer sind strikt gegen die Jagd auf die metallisch schwarzen Vögel, die noch in den 1980er Jahren als ausgestorben galten. Nicht nur zum Vogelbeobachten, auch für einen schönen Sonntagnachmittagsausflug eignet sich das Aachried bestens. Ein gut ausgebauter Wanderweg führt durch das Feuchtgebiet, auf den ehemaligen Ackerflächen am Wegesrand blühen im Sommerhalbjahr Wiesen-Pippau und Sibirische Schwertlilien.

Adresse zwischen D-78351 Bodman und Bodman-Ludwigshafen | **Anfahrt** Als Ausgangspunkt eignet sich der Parkplatz am Sportplatz in Bodman oder der Campingplatz Schachenhorn: A 98 bis Stockach-Ost, über die B 31 nach Bodman-Ludwigshafen fahren, zum Campingplatz dann auf der B 34 Richtung Espasingen fahren | **Tipp** Kunst und Natur: In Bodman selbst lohnt ein Abstecher zum Anwesen des Künstlers Peter Lenk, der in seinem Garten (Kaiserpfalzstraße 20) einige seiner teils aufsehenerregenden Skulpturen ausstellt. Seine berühmteste Skulptur ist die Imperia-Statue am Konstanzer Hafen.

17__Der Birnengarten

Ein Museum, das lebt!

Äpfel, Birnen, Kirschen, Zwetschgen: Obst vom Bodensee ist längst zu einem überregionalen Aushängeschild der Region geworden. Das milde Klima des Voralpenlandes und die Nähe zum Schwäbischen Meer lassen am Seeufer seit jeher viele gute süße Früchte gedeihen. Allein 15 verschiedene Apfelsorten werden am Bodensee angebaut, im Vergleich zu anderen Anbaugebieten ist das sehr viel. Aus dem Sortenkorb der Natur ist es jedoch ein verschwindend geringer Teil.

Da Alexander Lucas, Idared, Williams Christ und Co. irgendwo wachsen müssen, wird die Landschaft am Bodensee heute vielerorts vom gewerbsmäßigen Obstbau mit Plantagenwirtschaft bestimmt. Traditionelle Obstgärten mit ihren hochstämmigen und großkronigen Bäumen, die scheinbar wild verstreut im blumigen Offenland stehen und oft alte und seltene Obstsorten hervorbringen, sind dagegen rar geworden. Aber trotz des Rückgangs der traditionellen Anbauform gibt es nach wie vor nirgendwo in Europa mehr Streuobstbäume als in Baden-Württemberg.

Bei einer Radtour durch das Deggenhausertal glaubt man das gerne, hier bestimmen die Obstwiesen nach wie vor die idyllische Landschaftskulisse. Ganz zur Freude der Naturliebhaber, denn Obstgärten gehören zu den struktur- und artenreichsten Lebensräumen überhaupt. Feldhasen hoppeln über Wiesen, Hornissen nutzen abgestorbene Äste als Baumaterial, und Steinkäuze nisten in den Höhlen der Baumstämme.

Mit dem Erbe eines Obstgartens wurde früher auch das Wissen um Anbauformen, Pflege und Obstsorten weitergegeben. Damit dieses Wissen nicht ganz verloren geht, werden seit der Jahrtausendwende immer mehr Sortenerhaltungsgärten angelegt, beschriftet und als lebendige Museen Interessierten zugänglich gemacht. Ein Beispiel ist der Birnengarten in Limpach, der zwar ausschließlich recht junge Bäume, dafür aber alte Birnensorten wie etwa die am See heimische Sipplinger Klosterbirne beherbergt.

Adresse D-88693 Deggenhausertal-Limpach | **Anfahrt** auf der B 33 Meersburg / Ravensburg bis Markdorf, dort Richtung Deggenhausertal auf die K 7750 fahren, an der Straßengabelung rechts auf die L 204 Richtung Hefigkofen und den Schildern nach Limpach folgen, der Birnengarten hinter Limpach liegt in der Gabelung nach Höge / Azenweiler | **Tipp** Der Apfelgarten in Deggenhausen, der Zwetschgengarten in Untersiggingen und der gemischte Obstsortengarten in Urnau sind ebenfalls Obstgärten, die zum Besuch einladen. In Frickingen gibt es das Bodensee-Obstmuseum.

Wildling von Einsiedel

Synonym   Extra - Mostbirne

Verbreitung und   In ganz Südwest
Herkunft   auch in Ö

18__Das Kirchle
Ein göttliches Stück Natur

Namentlich ist das Kirchle wie gemacht für einen Gottesdienst im Grünen. Das Naturdenkmal im Bregenzer Wald nahe Dornbirn ähnelt architektonisch einem Gotteshaus und trägt daher auch den einprägsamen Namen. Jedoch waren es keine ehrfürchtigen Gottesdiener, die das raumähnliche Felsgebilde erbauten, sondern es war die Natur selbst, die das teilweise nur zwei Meter breite und 20 Meter hohe Kirchle mitten im Wald geformt hat. Die Wände des eindrücklichen Naturdenkmals sind zwar nicht mit biblischen Fresken verziert, doch sie sind dank des Wassers Kraft so schön glatt poliert, dass es weiterer Schmückungen gar nicht bedarf.

Das Kirchle ist eine trockene Klamm mit in Stein gemeißelten Strudellöchern, die im Laufe von Jahrtausenden durch die Gletscherschmelzwasser ausgewaschen wurden und nach dem Abschmelzen der Talgletscher trockengefallen sind. Die riesig hohen Felsüberhänge an den Seiten und die rundlich ausgewaschenen Strudelformen schaffen einen gewölbeartigen Eindruck. Eine Naturbrücke in unerreichbarer Höhe begrenzt die aufgebrochene felsige Seitenwand eines einstigen Strudelloches und lässt Besucher wie durch ein hohes Fenster nach draußen blicken. Selten kann man die Kolke, wie die Strudellöcher auch genannt werden, aus dieser Perspektive – von tief unten – sehen, denn sie sind meist von fließenden Wassern bedeckt. Die Wassermassen, welche die mächtigen Steinlöcher im Bregenzer Wald geschaffen haben, müssen übrigens gigantisch, man könnte fast meinen sintflutartig gewesen sein, um diese natürlichen Gewölbe zu schaffen.

Für die allsonntäglichen Gottesdienste eignet sich das Kirchle trotz des Namens kaum, zu beschwerlich wäre der Gang für die nachweislich immer betagteren Gemeinden auf den teils glitschigen Holzstümpfen und wirren Baumwurzeln hinab ins Felsgebilde. Für kulturelle Veranstaltungen wird das einzigartige Ambiente dennoch ab und an genutzt.

Adresse nahe A-6850 Dornbirn-Gütle | **ÖPNV** mit dem Landbus 47 vom Dornbirner Bahnhof bis zur Busstation Alploch, von dort zu Fuß weiter. | **Anfahrt** über die A 14 (gebührenpflichtig!) bis Ausfahrt Dornbirn-Süd fahren, auf der B 190 Richtung Dornbirn Zentrum / Karrenbahn, beim Hotel Krone beginnt die Beschilderung Richtung Rappen-lochschlucht, dieser bis in den Dornbirner Teilort Gütle folgen, zu Fuß weiter | **Tipp** In unmittelbarer Nähe zum Kirchle befinden sich die spektakuläre Rappenlochschlucht und die nicht minder faszinierende Alplochschlucht, die zu den größten Schluchtsystemen der Ostalpen zählen. Eine etwa zehn Kilometer lange Wanderung von Gütle aus schließt alle drei Naturattraktionen ein.

19 Die Rappenlochschlucht

Die spinnen doch!

Dass Wasser eine enorme Kraft hat, ist in der Rappenlochschlucht zwischen Dornbirn und Ebnit in Vorarlberg offensichtlich. Die Zuflüsse der Bregenzer Ache haben sich tief in das harte Kalkgestein des Bregenzer Waldes eingegraben und dort eines der größten Schluchtensysteme der Ostalpen geschaffen. Franz Martin Hämmerle hat daraus Kapital geschlagen. Der Textilunternehmer erkannte schon 1862 das Potenzial der Wasserkraft und baute genau unterhalb der tiefen Rappenlochschlucht im Gütle eine Spinnerei, die mit Hilfe der Naturgewalt betrieben wurde. Mit Erfolg: Das Textilunternehmen F. M. Hämmerle mit Sitz in Dornbirn galt Ende des 20. Jahrhunderts als das größte in ganz Österreich. Der Visionär ließ eine Rohrleitung aus genietetem Eisenblech durch die enge Klamm legen, welche das wertvolle Wasser vom Wasserschloss, einem Teil der Kraftwerksanlage Ebensand, bis zur Spinnerei führte, wo es im firmeneigenen Kraftwerk zur Erzeugung von Strom genutzt wurde. Er legte damit nicht nur den Grundstein für seinen wirtschaftlichen Erfolg, sondern auch für die touristische Erschließung von Dornbirns größter Naturattraktion.

Heute führt ein gut ausgebauter Weg durch die faszinierend beklemmende Rappenlochschlucht, der erst seit 2014 wieder komplett begehbar ist.

Ein Felssturz am 10. Mai 2011 machte die Schlucht in weiten Teilen unpassierbar und ließ selbst die Rappenlochbrücke über der spektakulärsten Stelle der Schlucht einstürzen. Am schattig-kühlen Schluchtengrund am Fuße der Kalkfelsen findet man die Hirschzunge, eine geschützte Farnart. Im Schluchtwald an den steil abfallenden Hängen wachsen Nadelwälder, die hier auch von der sonst seltenen Eibe durchsetzt sind.

Die Spinnerei im Gütle ist heute nicht mehr in Betrieb, wohl aber das Kraftwerk. Noch immer fließt durch die altertümlich wirkende Leitung Wasser, das im Gütle der Stromgewinnung dient.

Adresse A-6850 Dornbirn-Gütle | **ÖPNV** mit dem Landbus 47 vom Dornbirner Bahnhof bis zur Busstation Ebniter Straße (Gütle) | **Anfahrt** über die A 14 (gebührenpflichtig!) bis Ausfahrt Dornbirn-Süd fahren, auf der B 190 Richtung Dornbirn Zentrum / Karrenbahn, beim Hotel Krone beginnt die Beschilderung Richtung Rappenlochschlucht, dieser bis in den Dornbirner Teilort Gütle folgen | **Tipp** Die Gebäude der ehemaligen Spinnerei werden heute als Museen genutzt. Das Rolls-Royce-Museum oder das Krippenmuseum sind am Ausgangspunkt durch die Schlucht im Gütle beheimatet (www.rolls-royce-museum.at, www.krippenmuseum-dornbirn.at).

20 Das Wasserburger Tal

Unterwegs auf der Hegau-Alb

Hoch türmen sich die Felssäulen an den Flanken des Wasserburger Tals zwischen Engen, Aach und Hohnstetten im Hegau auf. Ein Rad- beziehungsweise Wanderweg führt entlang des Talbaches durch das rund vier Kilometer lange Kernstück des Tals inmitten eines idyllischen Waldes, aus dem immer wieder bizarre Felsformationen hervorragen. Risse, Spalten und kleine Löcher oder Höhlen haben sich im Laufe der Jahre in den hellen Kalkstein eingegraben und ihm sein knollig-rissiges Aussehen verliehen.

Geologisch zählt das wunderschöne Tal noch zur Juraformation der Schwäbischen Alb, genauer gesagt zur Hegau-Alb. Das Wasserburger Tal ist der tiefste Einschnitt des Gebirgszuges, die teils seltsam aussehenden Felsformationen an den Talflanken bestehen aus Weißem Jura. Der »Große Felsen« ist unter diesen Formationen der vielleicht eindrücklichste. Er ist mit Informationen zu seiner Entstehungsgeschichte versehen, aber auch ohne dieses Hinweisschild allein an seiner Größe gut zu erkennen. Der Phantasie sind beim Betrachten des steinernen Riesen keine Grenzen gesetzt. Ob man in der Kalkformation wirklich ein vergreistes, faltiges Gesicht erkennt, wie auf der Hinweistafel beschrieben, bleibt indes jedem selbst überlassen.

Entstanden sind die Kalkschichten des Weißen Jura vor rund 140 Millionen Jahren im Erdmittelalter, im Zeitalter des Jura. Ein riesiger Ozean bedeckte damals das heutige Süddeutschland. Im flachen, seichten Wasser des Meeres lebten Muscheln, Algen und Schwämme, die sich nach dem Ableben in massigen Kalkschichten ablagerten und versteinerten. Im Laufe der Jahrmillionen haben Wind und Wetter dann die Kalkformen modelliert. Vor allem das Regenwasser dringt in den kluftigen Kalkstein ein und löst diesen mit Hilfe freigesetzter Kohlensäure. So entstehen die bizarren Karstformen mit den tiefen Spalten, runden Einbuchtungen oder ganzen Höhlengängen.

Adresse bei D-78253 Eigeltingen-Honstetten | **Anfahrt** Von der B 31 zwischen Engen und Aach führt die K 6178 nach Norden Richtung Honstetten durchs Wasserburger Tal. An der Straße gibt es eine Infotafel, dort kann man parken. Besser eignet sich jedoch eine Radtour durch das Tal vom Parkplatz am Petersfels aus (siehe Seite 50). | **Tipp** Östlich des Wasserburger Tals befindet sich das nicht minder schöne Krebsbachtal. Wer mit dem Fahrrad unterwegs ist, kann eine Tour durch beide Täler verbinden.

21 Der Petersfels

Schmuckfabrik und Metzgerei in einem

Seine Profession war das Postbeamtentum, seine Leidenschaft aber galt der Geologie und der Urgeschichte. Und die lebte Eduard Peters nach seiner Pensionierung 1921 in vollem Umfang aus. 1927 entdeckte er auf einer Exkursion im Brudertal bei Engen im Hegau einen Kalksteinfelsen mit einer Höhle, der von nun ab seinen Namen tragen sollte – Petersfels. Doch nicht der Fels und die Karsthöhle an sich waren die Besonderheit, außergewöhnlich waren die 1,5 Tonnen Tierknochen und allerlei daraus gefertigte Geräte sowie Feuersteinartefakte, Schmuckstücke und Kunstwerke, die Peters bei seinen Ausgrabungen rund um den Felsen fand. Die Höhle wurde nämlich vor rund 13.000 bis 16.000 Jahren von Nomaden der ausgehenden Altsteinzeit als Jagd- und Lagerplatz benutzt. Die Sammler und Jäger erwarteten im Herbst sehnsüchtig die von Süden kommenden Rentierherden, die zum Überwintern ins wärmere Neckartal und auf die Albhochfläche zogen, und lockten sie wohl ins enge Brudertal, um sie dort zu erlegen und am Petersfels weiterzuverarbeiten.

Geschaffen wurde die hervorragende Jagdkulisse der Steinzeitmenschen von einem Schmelzwasserstrom während der letzten Eiszeit. Das Gletscherwasser räumte die sandig-mergeligen Gesteinsschichten von Ost nach West aus und schuf damit das Trockental. Dabei wurde auch ein hartes Kalkriff mit Karsthöhlen aus vorausgegangenen Erdzeitaltern freigelegt, nämlich der heutige Petersfels und die benachbarte Gnirshöhle.

Rund um den Petersfelsen befindet sich heute der Eiszeitpark Engen. Dort wird gezeigt, wie und wovon die Eiszeitmenschen lebten. Um die damalige baumlose Tundrenvegetation möglichst originalgetreu zu rekonstruieren, wurden die Hangwälder des Brudertals abgeholzt und auf rund drei Hektar eiszeitliche Pflanzen wie Wacholder- und Heidelbeerbüsche, Immenblatt, Deutsche Tamariske und andere gepflanzt.

Adresse 2,5 Kilometer östlich von D-78234 Engen, südwestlich vom Engener Ortsteil Bittelbrunn | Anfahrt Auf der A 81 bis zur Ausfahrt Engen fahren, Richtung Stadt und nach rund 300 Metern im Kreisverkehr Richtung Autobahnviadukt abbiegen. Direkt nach der Unterführung gibt es einen Parkplatz, von dem der »Eiszeitpfad« zum Eiszeit-park führt. | Tipp Im Städtischen Museum in der Klostergasse 19 in Engen sind einige Schmuckstücke und Kunstwerke vom Petersfels wie etwa die berühmte »Venus vom Petersfels« aus fossilem Holz ausgestellt.

22 Die Irisblüte
Ein lilablaues Blütenmeer

Die Sibirische Schwertlilie ist das botanische Markenzeichen des Eriskircher Rieds und zur Blütezeit von Mai bis Mitte Juni der Hingucker im Ried schlechthin.

Tausende der auffälligen Blüten färben die Streuwiesen zwischen Schussen- und Rotachmündung östlich von Friedrichshafen dann lila, hin und wieder zieht die gelbe Blüte einer Sumpfschwertlilie im lilablauen Blütenmeer den Blick auf sich. Auch wenn der Name weniger danach klingt, die Sibirische Schwertlilie (lat. Iris sibirica, im Volksmund nur »Iris« genannt) ist eine heimische Wildpflanze. Sie wächst auf sumpfigen, periodisch überschwemmten Auwiesen von hier bis ins westsibirische Flachland.

Doch extensiv genutzte Auwiesen gibt es abseits der Naturschutzgebiete leider immer seltener, zu groß ist der Siedlungsdruck hierzulande, und zu wenig nachgefragt wird die Mahd der Wiesen als Einstreu für die früher weitverbreitete Viehwirtschaft. Und so verschwinden die blauen Lilien außerhalb der großflächigen Schutzgebiete am Bodensee zunehmend aus unserer Landschaft. Im Eriskircher Ried, das bereits 1939 als Naturschutzgebiet ausgewiesen wurde, blühen sie im Frühjahr dank gezielter Pflegemaßnahmen noch massenhaft und ziehen damit nicht nur Hummeln und Schwebfliegen als Bestäuber, sondern auch Besucher an.

Die müssen in dem 552 Hektar großen Naturschutzgebiet auch nicht lange suchen, denn der blaue Blütenteppich blüht direkt am Weg zum Eriskircher Strandbad. Dort befinden sich die großflächigen, für den Naturschutz immens wichtigen Streuwiesen, die seit Jahrhunderten im Sommer überschwemmt und dann im Herbst oder Winter einmal gemäht werden. Die Mahd wird auch heute nicht liegen gelassen, sodass sich auf den Wiesen konkurrenzschwache Pflanzen ausbreiten können. Neben der Sibirischen Schwertlilie zählen dazu auch die Mehlprimel, das Mädesüß und der Lungen-Enzian.

Adresse Strandbad 1, D-88097 Eriskirch | **Anfahrt** A 96 bis Anschlussstelle Lindau, weiter auf der B 31 nach Eriskirch, südlich des Bahnhofs auf der Riedstraße die Schienen seewärts kreuzen und durch das Eriskircher Ried bis zum Strandbad Eriskirch fahren, dort kann man parken | **Tipp** Das Naturschutzzentrum Eriskirch bietet zur Blüte der Sibirischen Schwertlilie spezielle Führungen durchs Eriskircher Ried an (www.naz-eriskirch.de).

23 Die Werd-Inseln

Politisch getrennt, natürlich vereint

Die Blumeninsel Mainau und die Gemüseinsel Reichenau sind wohl die bekanntesten Inseln des Bodensees. Weniger bekannt, weniger besucht und auch sehr viel kleiner ist dagegen die Inselgruppe Werd bei Stein am Rhein im Rheinsee. Obwohl die drei Inseln, zwei davon unbewohnt und naturgeschützt, so eng beieinanderliegen und eine natürliche Einheit bilden, trennt sie doch die politische Grenze zwischen zwei Kantonen. Denn die Hauptinsel Werd wird der schweizerischen Gemeinde Eschenz im Kanton Thurgau zugerechnet, die beiden kleineren und unbewohnten Werdinseln dagegen gehören zu Stein am Rhein und damit zum Kanton Schaffhausen.

Auf der Hauptinsel Werd liegt das Kloster Werd, ein Franziskanerkonvent, sowie die dem heiligen Otmar geweihte Wallfahrtskapelle. Otmar war der Gründer und erste Abt des Klosters St. Gallen. 759 wegen Verfehlungen gegen das Keuschheitsgelübde auf die Insel Werd verbannt, verstarb er dort im selben Jahr, wurde posthum aber rehabilitiert und heiliggesprochen. Vor Otmar haben jedoch schon andere die 1,5 Hektar große Insel für sich entdeckt: Bei Ausgrabungen fand man Überreste von Pfahlbausiedlungen aus der Jungstein- und Spätbronzezeit. Seit 2011 zählt die Fundstelle auch zum UNESCO-Weltkulturerbe.

Von der Insel Werd, die über einen Holzsteg von Untereschenz aus mit malerischer Sicht auf die Burg Hohenklingen erreicht werden kann, blickt man auf die beiden kleineren, unbebauten Werdinseln. Der Drang, bei Niedrigwasser hinüberzuwaten, um die unberührten Inseln zu erkunden, lässt sich nicht leugnen – sollte allerdings trotzdem unterdrückt werden. Denn die Inseln sind ein besonderes Reservat für Wasservögel und international bedeutend für den Vogel- und Naturschutz. Schellente, Tafel- und Reiherente überwintern regelmäßig auf den 0,4 und 0,6 Hektar großen Inseln, und Zwergtaucher, Blässhühner und Watvögel legen dort eine Rast ein.

Adresse Insel Werd, Franziskaner-Konvent, Kloster St. Otmar, Im Werd,
CH-8264 Eschenz | **Anfahrt** von Singen auf der L 191 zum Grenzübergang Rielasingen-
Worblingen und weiter nach Stein am Rhein fahren, dort über die Rheinbrücke und links
nach Eschenz, die Hauptstraße am Braatle links verlassen, am Ende der Unterdorfstraße
parken und zur Fuß zur Insel gehen | **Tipp** Hinter der Wallfahrtskapelle auf der Hauptinsel
lädt ein kleines Labyrinth, das nach dem Vorbild des Labyrinths in der gotischen Kathedrale
im französischen Chartre angelegt wurde, zur Selbst- und Gotterfahrung, zum Krafttanken
und Ruhegenießen ein.

24__Der Knopfmacherfelsen

Für malerische Augenblicke

Man erzählt sich, er sei erst in Tuttlingen auf dem Markt gewesen und dann auf dem Rückweg zu Pferde dem schönen Hardt-Mädchen begegnet. Gemeinsam sollen sie einen Felsen hoch über dem noch jungen Donautal aufgesucht haben, und dann … fanden ein paar Tage später Schäfer des nah gelegenen Klosters Beuron den Beuroner Knopfmacher Fiedelis Martin und sein Pferd tot unterhalb des markanten Felsvorsprungs. Seit jenem Ereignis im Jahr 1823 nennt man den Aussichtspunkt im Naturpark Obere Donau den »Knopfmacherfelsen«.

Die Aussicht vom Knopfmacherfelsen ist atemberaubend, und das Fleckchen über dem Donaudurchbruchstal zweifelsohne wildromantisch. Hier, zwischen Fridingen und Sigmaringen, sucht sich die Donau ihren Weg durch das Kalkgestein der südwestlichen Schwäbischen Alb. Weiße, durch Erosion freigelegte Jurakalk-Felswände säumen das tief eingeschnittene Tal und ragen bei Beuron senkrecht mehrere dutzend Meter beidseits des Flusses in die Höhe. Im Tal selbst schlängelt sich die schmale Donau durch die beeindruckende Landschaft. In der Ferne ist die Benediktiner-Erzabtei Beuron mit ihren mächtigen Gemäuern und dem kleinen Zwiebeltürmchen erkennbar, auf der anderen Seite thront das Schloss Bronnen auf einem kaum zugänglichen Felsen. Es ist nicht das einzige im Donautal: Rund 70 andere Schlösser und Burgen wurden dort ab 100 n. Chr. erbaut. Zwischen den kargen Felsen gedeihen auf den Kalk-Magerrasen und Kalkschutthalden viele seltene Pflanzenarten, darunter Orchideen wie etwa der Gelbe Frauenschuh.

Die Kulisse des Knopfmacherfelsens zählt zu den schönsten im ganzen Naturpark Obere Donau, der immerhin 1.350 Quadratkilometer entlang der jungen Donau umfasst und sich über vier Landkreise und 55 Gemeinden erstreckt. Teile des Parks gehören naturräumlich bereits zur Schwäbischen Alb, im Süden reicht der Park in das von den Eiszeiten geprägte oberschwäbische Alpenvorland.

Adresse zwischen D-78567 Fridingen an der Donau und 88631 Beuron | **Anfahrt**
B 311 Richtung Meßkirch, in Neuhausen ob Eck nach Fridingen abbiegen und dort auf
die L 277 Richtung Sigmaringen wechseln und bis zum Berghaus Knopfmacher fahren.
Vom Parkplatz dort sind es circa 100 Meter bis zum Aussichtspunkt. Alternativ empfiehlt
sich eine Wanderung vom Kloster Beuron nach Fridingen (15 Kilometer). | **Tipp** Im
alten Bahnhof Beuron ist das Naturschutzzentrum Obere Donau beherbergt. Dort, im
Haus der Natur, gibt es eine Dauerausstellung und jede Menge Informationen, wo man
was im Naturpark unternehmen kann. Ein Besuch lohnt auf alle Fälle!
(www.naturschutz.landbw.de/servlet/is/81086)

25 Die Vogelperspektive
Wenn ich ein Vöglein wär ...

Als Rast- und Überwinterungsplatz zieht der Bodensee jährlich unzählige Zugvögel an. Zur Freude der Ornithologen mischen sich im Winter unter die einheimischen Stock-, Tafel- und Kolbenenten sowie Graureiher und Höckerschwäne auch zahlreiche weit gereiste Vogelgäste wie Zwerg- und Singschwäne, Zwergsäger, Berg- oder Eistaucher. Sie kommen wegen der weitgehend eisfreien Wasserfläche zur kalten Jahreszeit und wegen des sprichwörtlich reich gedeckten Tisches. Vogelkundler am See, allen voran die der Vogelwarte Radolfzell, beringen, zählen, erforschen und beobachten die Überflieger seit Jahren, um die internationale Bedeutung des Bodensees als Überwinterungs- und Rastgebiet zu dokumentieren. Und so weiß man heute eine ganze Menge über die Vogeltouristen: woher sie stammen, wohin sie fliegen, wo sie am liebsten rasten und was sie fressen. Die meisten Zugvögel kommen aus dem hohen Norden, aus Finnland bis Sibirien reisen die Tiere im Winter an. So unterschiedlich ihre Größe, ihr Aussehen sowie ihr zurückgelegter und noch vor ihnen liegender Weg auch sein mögen, eines haben sie mit dem heimischen Federvieh gewiss gemeinsam: einen unvergleichlichen Blick von oben auf die Landschaft.

Wer den Bodensee auch einmal aus der Vogelperspektive sehen möchte, der sollte mit einem – ebenfalls am See heimischen – Vogel aus Aluminium und Kunststoff fliegen: einem Zeppelin. Der zigarrenförmige Pionier der Luftfahrt schlägt zwar nicht mit den Flügeln, um abzuheben – aber seine Luftfahrttechnik begeistert dennoch.

Wie ein Greifvogel kann der Zeppelin in der Luft stehen und erst auf Kommando des Piloten wie schwerelos weiterfahren. Fast geräuschlos gleitet er durch die Luft. Der atemberaubende Ausblick auf den See und die wie modelliert erscheinende Landschaft vor gewaltiger Alpenkulisse ist ein unvergessliches Erlebnis, das seinen nicht geringen Preis absolut wert ist.

Adresse Deutsche Zeppelin-Reederei GmbH, Messestraße 132, D-88046 Friedrichs-hafen, http://zeppelin-nt.de/de | **Anfahrt** auf der B 31 nach Friedrichshafen fahren, auf der K 7726 Richtung Messe fahren, der Zeppelinflughafen befindet sich hinter der Messe am Flughafen Friedrichshafen | **Tipp** Mehr Informationen zum Zeppelin, seiner Geschichte und Technik gibt es im Zeppelin Museum Friedrichshafen in der Seestraße 22 (www.zeppelin-museum.de).

26 Die Blitzenreuter Seenplatte

Fahr mal hin zum Schau-mal-Weg!

Hinfahren ja, zum Wegschauen besteht dagegen absolut kein Grund! Im Gegenteil: Die Blitzenreuter Seenplatte bietet grandiose Einblicke in eine ökologisch wertvolle Natur- und Kulturlandschaft aus natürlichen Seen, zahlreichen Mooren ganz unterschiedlichen Charakters sowie größeren Waldgebieten. Die Vielfalt der unterschiedlichen Lebensräume bietet Rückzugsorte für eine sehr große Vielzahl an Tier- und Pflanzenarten, die den Besucher staunen lässt: 42 Libellenarten, darunter 23 gefährdete, 40 Schmetterlingsarten, 89 verschiedene Vogel-, 16 Fisch- und rund 450 Pflanzenarten wurden im Feuchtgebietkomplex nachgewiesen. Bekassine, Kiebitz und Zwergschnepfe rasten am Ufer des Schreckensees. Sonnentau, Wasserschlauch und Fettkraut gedeihen im Hochmoor zwischen den Seen, Kreuzotter und Ringelnatter schlängeln sich an den Ufern entlang.

Während der letzten Eiszeit entstand das Seenensemble, das im Laufe der Jahre unterschiedlichen Nutzungen unterlegen war. Im Mittelalter legten Klöster neben den natürlichen Seen künstliche Weiher zur Fischzucht an, sodass zu den heute verbliebenen fünf Seen sechs Weiher hinzukamen. Die Wasserfläche betrug damals 255 Hektar – rund viermal so viel wie heute.

Gleich drei interaktive Naturerlebnispfade führen Besucher wahlweise durch das Schutzgebiet, die DENK-mal-Route, die MACH-mal-Runde und der SCHAU-mal-Weg. Sie regen zum Sehen, Hören, Fühlen, Riechen, Genießen, Austoben und Nachdenken an und sind – sicherlich auch dank der Nähe zur Pädagogischen Hochschule Weingarten – Musterbeispiele eines zeitgemäßen Umweltbildungs- und Besucherlenkungskonzeptes. Eine begehbare Sonnenuhr, ein 3-D-Geländemodell und ein riesiger Panoramastuhl sind nur drei der vielen Stationen, die den Besuch der vielfältigen Seenplatte unvergesslich machen.

Adresse D-88273 Fronreute-Blitzenreute | **Anfahrt** die B 32 führt direkt durch die Seen-platte; Blitzenreute passieren und nördlich des Dorfes am Parkplatz am Häcklerweiher parken | **Tipp** Im Häcklerweiher kann man baden! Der Moorbadesee mit ausgezeichneter Wasserqualität verfügt über einen flachen, kleinen Einstieg, nebenan gibt es einen aus-gewiesenen Grillplatz für Picknickfreunde. Köstlichkeiten für das Picknick können im nahen Bauerngarten der Familie Knam in Vorsee (an der B 32) selbst geerntet werden.

27 Der Rohrspitz

Vorgelagerter Rückzugsort

Gäbe es nicht den Rheindamm, dann wäre es der Rohrspitz, der am weitesten Richtung Lindau in den Obersee hineinreicht. Die Halbinsel in der Fußacher Bucht ist Teil des Naturschutzgebietes Rheindelta, der beeindruckenden künstlichen Naturlandschaft am östlichen Bodensee. Der Rohrspitz selbst wurde nicht künstlich aufgeschüttet, sähe aber ohne das Korsett des Alpenrheins durch die natürliche Verlandung des Mündungsdeltas heute sicherlich ganz anders aus. Von der Halbinsel aus hat man einen herrlichen Ausblick auf das gegenüberliegende Ufer mit Nonnenhorn und Langenargen und meist seine Ruhe. Hier ist der Obersee äußerst dicht besiedelt, Bregenz, Hard und Höchst gehen fast ineinander über, und der Bevölkerungsdruck – und damit auch der Verkehr – steigen immer weiter. Da tut eine Pause gut. Es ist eine Wohltat, der Hektik und dem Treiben der Städte und Straßen einmal den Rücken zu kehren und dem Rauschen des Schilfröhrichts im Wind zu lauschen und die Vielfalt der Streuwiesen zu genießen.

Das 2.000 Hektar große Naturschutzgebiet Rheindelta umfasst zwischen dem Alten Rhein und der Dirnbirner Ache Flachwasser, Schilfröhrichte, Feuchtwiesen und Auwälder rund um die Vorarlberger Metropolregion. Es ist ein wichtiges Brut- und Rastgebiet für Vögel und Heimat einer Vielzahl anderer Tiere und natürlich auch Pflanzen. In den flachen, seichten Wassern soll die sehr seltene fleischfressende Wasserfalle noch vorkommen, die angeblich schon König Ferdinand aus Bulgarien mehrmals ins Rheindelta lockte. Sie fängt mit den Klappfallen an ihren Blättern kleine Wasserflöhe und anderes Getier.

Nicht nur der weit gereiste König und andere Urlauber, sondern auch die schweizerischen und österreichischen Anwohner nutzen den Schutzraum vor der Haustüre als Naherholungsgebiet. Es gibt Grillmöglichkeiten, Badeplätze und Restaurants, ein Radweg führt mitten hindurch.

Adresse Rohr 1, A-6972 Fußach | **Anfahrt** A 14 bis Bregenz, auf der L 202 über Hard und Fußach nach Höchst, dort im Kreisverkehr geradeaus, nach etwa einem Kilometer kommt die Abzweigung zum Rohrspitz, Parkmöglichkeit am Parkplatz Salzmann in der Nähe des Campingplatzes (direkte Anfahrt über Fußach nur mit dem Rad) | **Tipp** Das Rheindeltahaus (Im Böschen 25) in Hard ist die Servicestelle des Schutzgebietes Rheindelta. Dort kann man Auskünfte über Exkursionen sowie Informationsmaterialien erhalten, zudem gibt es Ausstellungen und einen Lehrpfad gleich hinterm Gebäude (www.rheindelta.com/rheindeltahaus.html).

28_ Die Hornspitze

Der letzte Klumpen Erde

»Jetzt hör i uff.« Das soll der Herrgott angeblich gerufen haben, als er den letzten Klumpen Erde ans Ende des Bodensees warf und damit die Halbinsel Höri am Untersee geschaffen hat. Der Volksmund erklärt sich so denn auch den Namen »Höri«. Ob die Halbinsel wirklich so entstanden und ob Alemannisch des lieben Gottes Muttersprache ist, das darf angezweifelt werden. Wahrscheinlich kommt der Name doch wohl eher aus der jüngeren Geschichte, als die Höri zum Herrschaftsgebiet des Bischofs von Konstanz zuge»höri«g war. Wie auch immer, Fakt ist, dass die Halbinsel am westlichen Bodensee durch ihre liebliche, abwechslungsreiche Landschaft und ihre Ursprünglichkeit besticht.

An ihrer am weitesten in den Untersee hineinreichenden Spitze bei Horn kann man noch Natur pur erleben. Das Areal ist als Naturschutzgebiet ausgewiesen und Herberge einer Vielzahl von Tieren und Pflanzen. Meterhohes Schilfröhricht säumt das Ufer, teils bewachsene, dünenartige Wälle bergen den typischen Schnegglisand, das am Untersee typische Sediment aus in Kalk eingebetteten Schneckenhäusern. Dazwischen staut sich das Wasser in kleinen Lagunen, und Vögel nisten versteckt an den vom offenen Wasser abgetrennten Brachwassern. Gewächse wie Großseggen und Kopfbinsen prägen die Riedlandschaft, aus der immer wieder buschartige Weiden und baumförmige Silberweiden hervorlugen. Der Bodensee-Rundweg führt direkt am westlichen Rand des Naturschutzgebietes entlang.

Gut zu sehen und einen Abstecher wert ist die markante Kirche von Horn. Der Ausblick vom Kirchhof hinter dem Gebäude über die Insel Reichenau, den Bodanrück und den Thurgauer Seerücken, der von zahlreichen Schlössern geziert wird, soll schon Friedrich I. so fasziniert haben, dass er einmal gesagt haben soll: »Wenn ich nicht Großherzog von Baden wäre, so wollte ich Pfarrer von Horn sein!«

Adresse D-78343 Gaienhofen-Horn | **Anfahrt** über die L 192 Moos / Stein am Rhein
bis zur Ortsmitte Horn fahren, am Gasthof Hirschen in die Kirchgasse einbiegen und an
der Kirche parken, zum Naturschutzgebiet Hornspitze durch den Fuhrmannweg und die
Hornstaader Straße entlanggehen, bis links der Hörnliweg abzweigt, er führt als Rad-
und Wanderweg am Rand des Naturschutzgebietes entlang | **Tipp** Eine noch grandiosere
Aussicht als vom Kirchgarten bietet sich vom Wasserturm in Horn. Dieser liegt oberhalb
der Kirche auf einer Art Kanzel, man erreicht ihn über die Weiler Straße, die gegenüber
dem Gasthof Hirschen rechts von der L 192 abzweigt.

29__Das Rheinholz

Grenzwertig

Das Wort »alt« weckt in den meisten Fällen eher negative Assoziationen. Will man dies vermeiden, spricht man von »antik« oder »betagt«. Bei der Mündung des »Alten« Rheins in den Bodensee am Rheinspitz an der österreichisch-schweizerischen Grenze dagegen gibt es nichts, was ablehnende Gedanken aufkommen ließe. Die kleine Landzunge entlang des heutigen Rheinseitenarms zeichnet sich auf österreichischer Seite bei Gaißau durch einen wunderschönen artenreichen Auwaldrest aus, das sogenannte Rheinholz. Hier kommen urwüchsige Eichen, Ulmen und Eschen vor, die teilweise bei Hochwasser im Wasser stehen müssen. Sie sind die prägenden, beständigen Bäume der Hartholzaue, die sich hier über Jahrhunderte etabliert hat und heute die westliche Begrenzung des riesigen Naturschutzgebietes Rheindelta darstellt.

»Alt« ist der Rhein hier deshalb, weil man seine ursprüngliche Mündung bei Gaißau um 1900 rund zwölf Kilometer nach Osten verlegt hat. Im 19. Jahrhundert zerstörten verheerende Hochwasser immer wieder weite Teile des Rheintals und des Mündungsgebietes, als sich gewaltige Schlammmassen aus den Alpen donnernd in den See ergossen. Dagegen wollte man sich wappnen, und im Rahmen der Internationalen Rheinregulierung (IRR) verkürzte, verlegte und kanalisierte man den Rheinweg so, dass die von Hochwasserdämmen gezierte Mündung von da ab in der Harder und Fußacher Bucht lag. Nur ein unbedeutender Teil des einst wilden Alpenflusses fließt deshalb heute noch über den ursprünglichen Weg bei Gaißau in den Bodensee.

Der Tier- und Pflanzenwelt im Rheinholz macht das allerdings rein gar nichts. Ob alt oder neu, ob viel oder wenig Rheinwasser, hier laichen in den flachen Tümpeln Kamm- und Teichmolch, der Priol setzt zum flötenhaften Gezwitscher an, und die Wasser-, See- und Laubfrösche begleiten an lauen Sommerabenden seinen Gesang mit ihrem mehrstimmigen Quakkonzert.

Adresse A-6974 Gaißau, Rheinspitz | **Anfahrt** A 14 Ausfahrt Bregenz, weiter über die
B 202 über Hard und Höchst nach Gaißau, in Gaißau unmittelbar nach der Kirche rechts,
ohne abzuzweigen, gerade durchfahren und den Alten Rhein entlang bis zum Ende der
Straße beim Parkplatz des Naturschutzgebiets Rheinholz folgen | **Tipp** Wer im Sommer
kommt, sollte Badesachen nicht vergessen: Am äußersten Zipfel des Rheinspitz ist eine
ausgewiesene Stelle, die zum Baden geradezu auffordert!

30__Der Eistobel

Reise in die Vergangenheit

Eine Reise in das Innere der Erde, davon träumt so mancher. Im Eistobel bei Isny wird dieser Traum zumindest indirekt Wirklichkeit, denn hier kann man auf einer rund drei Kilometer langen Wanderung durch das eindrucksvolle Geotop rund 900 Meter ins Erdinnere schauen. Die dort freigelegten Molasse-Gesteinsschichten führen den Besucher geologisch gesehen Jahrmillionen in der Erdgeschichte zurück, was einem Blick tief unter die Erdoberfläche gleicht.

Besonders ist dieser Blick vor allem deshalb, weil die Gesteinsschichten der Alpenvorlandmolasse normalerweise horizontal lagern und nur selten wie im Eistobel bis in größere Tiefen aufgeschlossen sind.

Doch auch für geologisch weniger Interessierte lohnt ein Besuch der malerischen Schlucht, denn durch die unterschiedlich harten Gesteinsschichten haben sich zahlreiche Wasserfälle und Strudellöcher, sogenannte Gumpen, gebildet. Begleitet vom mal mehr, mal weniger sanften Plätschern und Rauschen des Wassers gelangt man vom Informationszentrum hinab ins Obere Argental und wandert entlang eines leicht begehbaren Weges vorbei an riesigen Gesteinsbrocken und bis zu 130 Meter hohen Steilwänden. Im Winter, wenn die Wasserfälle zu bizarren Eisformationen gefroren sind, ist der Besuch ein ganz besonderes Erlebnis und macht deutlich, woher der Name Eistobel kommt.

Die Obere Argen fließt südwestlich von Wangen mit der Unteren Argen zusammen und mündet bei Langenargen in den Bodensee. Ihr Wasser hat sich nach Ende der letzten Eiszeit als Abfluss eines Schmelzwassersees bei Ebratshofen langsam, aber kontinuierlich über die Jahrtausende immer tiefer in den Bergzug der Riedholzer Kugel eingegraben. Rund 70 Meter tief stürzt das Wasser über das harte Nagelfluhgestein auf einem rund drei Kilometer langen Weg in die Tiefe und lässt den Besucher auf eine eindrucksvolle Zeitreise in die Vergangenheit gehen.

WESTALLGÄUER WASSERWEGE

Eistobel

Adresse Hauptstraße 85, D-88167 Grünenbach | **Anfahrt** A 96 bis Ausfahrt Wangen, über die B 32 und B 12 nach Isny fahren, von Isny über Maierhöfen in Richtung Grünenbach bis zum Parkplatz beim Infopavillon Argentobelbrücke (Parkmöglichkeit), Kleingeld für den Eintritt mitnehmen | **Tipp** Regelmäßig werden durch den Eistobel geführte, öffentliche Wanderungen unter ganz verschiedenen Gesichtspunkten angeboten. Mal geht es um Geologie, mal um Botanik, mal ums Wandern an sich und das leibliche Wohl (www.eistobel.de).

31 Der Eichenweg
Eichentlich ganz schön hier!

Sie hat mehrere Kriege überstanden, viele Stürme haben an ihren ausladenden Ästen gerüttelt, unzählige tierische Untermieter hat sie beherbergt und überlebt. Wenn die uralte Stieleiche im Güttinger Wald sprechen könnte, hätte sie sicherlich ganz urige Geschichten zu erzählen. 200 Jahre hat sie inzwischen auf dem sprichwörtlichen Buckel, ihre Krone hat mittlerweile einen Durchmesser von 26 Metern, 35 Meter hoch ragt sie gen Himmel – ein Prachtexemplar aus jeder Perspektive! Wenngleich sie auch die älteste ist – aber lange noch kein Methusalem, denn Stieleichen können 1.000 Jahre alt werden –, die einzige ist sie im Güttinger Wald keineswegs. Stattliche 22 Prozent beträgt der Eichenanteil des Waldes, im Vergleich zum Schweizer Durchschnitt von gerade mal zwei Prozent gleicht das einer Sensation!

Die Eichen des Güttinger Waldes wurden schon früh als Brennholz genutzt, Bischof Franz Konrad zu Konstanz vermachte 1771 einen großen Teil des Waldes den Güttingern, die sich über bittere Kälte und fehlendes Holz beklagten. Aus dieser Zeit stammt auch die vierstämmige Eiche, eine Besonderheit des Waldes. Vier Stämme hat sie und ist doch nur ein einziger Baum! Aber nicht nur das Holz, auch die Früchte der Eichen waren begehrt. In Notzeiten wurden die Eicheln als Kaffeeersatz geröstet, schon die Germanen verarbeiteten das Eichel-Mehl zu Speisen. Später wurden die Schweine in den Wald getrieben und mit Eicheln gemästet, weil ihr Schinken dann besser schmeckte.

Acht Orientierungstafeln, die den alten, jungen, besonderen und nützlichen Eichen im Güttinger Wald gewidmet sind, führen Besucher auf einem anderthalbstündigen Rundgang durch den urigen Forst. Hier finden sich Hinweise zu den Besonderheiten des Waldes und dessen Bewirtschaftung – beinahe so spannend geschrieben wie die Geschichten, die die alte Eiche zu erzählen hätte, wenn sie nur könnte.

Adresse CH-8594 Güttingen | **Anfahrt** von Kreuzlingen auf der Hauptstraße 13 Richtung Romanshorn bis Güttingen, im Ortszentrum Richtung Waldegg / Amriswil fahren, der Straße Vogelsang durch Waldegg bis zum Waldrand folgen, dort befindet sich ein Parkplatz | **Tipp** Die Tourismuskommission Güttingen bietet auf Anfrage ein Waldfondue für Gruppen bis 40 Personen an. Nach einer kurzen Führung durch den Eichenwald wird gemeinsam ein Käsefondue am Grill zubereitet, Kaffee und Dessert gibt's zum Abschluss in der lauschigen Waldhütte (www.guettingen.ch/de/tourismus/waldfondue).

32 Der Rheindamm

Hätte, wäre, würde, wenn …

Was wäre Bregenz ohne die berühmten Festspiele auf der Seebühne? Nicht dasselbe, keine Frage. Doch dazu hätte es kommen können, denn um die Mitte des letzten Jahrhunderts drohte die Bregenzer Bucht langsam, aber sicher zu verlanden. Lindau und Hard wären dann durch eine Landbrücke aus Alpenschotter verbunden worden, und die Seebühne läge auf dem Trockenen.

Jedes Jahr transportiert der Rhein enorme Sedimentmassen in den Bodensee, die die Mündungslandschaft stetig verändern. Immerhin könnte man mit diesen bis zu zweieinhalb Millionen Kubikmetern Schlamm und Feinsanden einen ganzen Güterzug vom Bodensee bis nach Gibraltar füllen.

Um 1900 war die Flussmündung von Rheineck zwölf Kilometer östlich in die Harder und Fußacher Bucht verlegt worden, um die verheerenden Hochwasser einzudämmen. Infolge dieser millionenteuren Regulierung schüttete der Fluss seine Fracht nun direkt vor den Toren von Bregenz in den Bodensee. Mit dem ganzen Geschiebe könnten jedes Jahr rund zwei bis drei Hektar neue Landflächen entstehen. Leicht vorstellbar also, dass Bregenz dann bald kein Seeufer mehr gehabt hätte.

Doch so weit sollte es nicht kommen, darauf haben sich mit einem Staatsvertrag zur »Internationalen Rheinregulierung« (IRR) die Anrainerstaaten Österreich und Schweiz geeinigt. Sie beschlossen, die Mündung des Rheins so weit seewärts vorzulagern, dass das Rheinwasser direkt an der Halde, also dem steil abfallenden Ende des Flachwasserbereiches, in den Bodensee mündet. Und so wurde seit den 1970er Jahren ein fast fünf Kilometer langer s-förmiger Damm errichtet, der den Rhein in den See leitet. So wurde die Verlandung der Buchten erst einmal gestoppt, denn die Sedimentmassen werden nun in tiefere Bereiche abgeführt. Unter Ökologen ist das Projekt dennoch umstritten, schließlich stellt es einen erheblichen ökologischen Eingriff dar.

Adresse Rheindamm, A-6971 Hard | **Anfahrt** A 14 bis Bregenz, dann auf der B 202 Richtung Fußach / Höchst, unmittelbar nach der Rheinbrücke Hard–Fußach rechts abbiegen und der Straße entlang des Rheindammes folgen, nach rund 1,5 Kilometern zweigt ein Weg zum Rheindeltahaus ab, dort besteht Parkmöglichkeit | **Tipp** Der Rheindamm kann auch mit dem nostalgischen Rheinbähnle erkundet werden. Die ehemalige Baubahn der Rheinregulierung pendelt zwischen dem Museum Rhein-Schauen in Lustenau, der Rheinmündung am See und dem Steinbruch Koblach / Mäder (www.rheinschauen.at).

33 Der höchste Weinberg
On top

Ein Naturhighlight im engeren Sinne des Wortes ist die fruchtbare Lebensgrundlage von Beate und Georg Vollmayer aus Hilzingen im Hegau. Denn die beiden Winzer des gleichnamigen Familienbetriebes bewirtschaften in dritter Generation den höchsten Weinberg Deutschlands. Am Elisabethenberg an den sonnigen Südwesthängen des Hohentwiel bauen die Vollmayers mit großem Erfolg und im Einklang mit der Natur ihre vielfach prämierten Weine an. Die hohe Lage ist dabei neben der Bodenbeschaffenheit am Vulkankegel mitverantwortlich für den Erfolg der Winzer und den guten Geschmack der Weine. Der Boden ist sehr mineralreich, die Reben müssen, bedingt durch die Lage, extremeren Witterungen standhalten als die Pflanzenkollegen aus dem Tiefland. Das prägt letztlich auch den außergewöhnlichen, feinfruchtigen Geschmack des Spätburgunders, der on top angebaut wird.

Weinbau gab es am Hohentwiel schon sehr früh: Bereits vor über 1.000 Jahren zogen die Gründer eines Klosters auf dem Vulkankegel Reben. Nachdem im 19. Jahrhundert die Reblaus und Pflanzenkrankheiten den Anbau völlig zum Erliegen brachten, war es dann Georg Vollmayers Opa Robert, der das Weinfass wieder zum Rollen brachte und die Anbauflächen instand setzte.

Doch wie hoch ist er denn nun, der höchstgelegene Weinberg Deutschlands? Georg Vollmayer wollte es ganz genau wissen und ließ ein amtliches Vermessungsteam anrücken. Dieses bestätigte dem Winzer, dass hierzulande nirgendwo höher Wein angebaut wird als bei ihm. Die Reben wachsen nämlich bis in 562,5 Metern Höhe. Wenigstens auf dem Papier ist damit nun auch das Gezanke um den Anspruch, »der Höchste« zu sein, beigelegt. Denn neben Vollmayer hätten auch das Staatsweingut Meersburg, das am Olgaberg am Hohentwiel einen Weinberg bewirtschaftet, und Helmut Dolde, Winzer am Schlossberg Neuffen am Albtrauf, den wertvollen Superlativ gerne für sich beansprucht.

Adresse Weingut Vollmayer, Elisabethenberg 1, D-78247 Hilzingen, www.vollmayer-weingut.de | **Anfahrt** A 81 bis Ausfahrt Hilzingen, auf der B 314 Richtung Singen fahren, nach Twielfeld links zum Weingut abbiegen. | **Öffnungszeiten** Das Weingut bietet Weinverkostungen direkt vor Ort an, siehe Homepage. | **Tipp** Ein Abstecher zum Hohenstoffeln, dem einzigen Hegauberg mit Doppelspitze, nahe Hilzingen-Binningen lohnt. Ursprünglich hatte der Berg drei Gipfel, einer wurde durch Basaltabbau jedoch abgetragen.

34_ Der Duftgarten Syringa

Für Naschkatzen

Auch unter den Schwebfliegen gibt es wahre Leckermäuler! Anders lässt sich wohl kaum erklären, warum der Duft der Berlandiera lyrata aus der Familie der Korbblütler die filigranen Fliegen in Scharen anzieht. Doch nicht nur die Insekten sind wie betört, auch für uns Menschen duftet die gelbe Blume ganz wunderbar und weckt süße Gelüste – nach Vollmilchschokolade. Deshalb wird sie auch als Schokoladenblume bezeichnet. Im Syringa Duftgarten bei Binningen im Hegau heißt sie bei den Mitarbeitern indes nur »Tatsächlich«-Blume, weil so vielen Besuchern beim Probeschnuppern ein erstauntes »Tatsächlich!« über die Lippen kommt.

Die Schwebfliegen bringen den Duft wohl kaum mit der kakaohaltigen Versuchung in Verbindung, doch das wohlriechende Aroma zieht die Tierchen dennoch massenhaft an. Was letztlich der Schokoladenblume zugutekommt, die durch die Schwebfliegen bestäubt wird.

In Bernd und Brigitte Dittrichs Reich im Hegau blühen die nicht nur gut riechenden, sondern auch schön anzuschauenden gelben Korbblüten von Mai, bis der erste Frost einsetzt. Der Duft wird dabei von den roten Staubgefäßen im Inneren der Blüte verstäubt, die allerdings je nach Wetterlage am Mittag oder Nachmittag abfallen. Wer also in den vollen Schokoladengenuss kommen will, der sollte am Morgen anreisen!

Die Schokoladenblume ist aber nur eine von vielen Pflanzen, die im Duftgarten Syringa gedeihen und die Nase verwöhnen. Manche Pflanzen duften nach Marzipan, andere nach Gummibärchen, wieder andere nach erfrischender Zitrone. Es gibt aber auch Arten, die für die meisten Besucher gar nicht duften, sondern eher für Naserümpfen sorgen. Die einen verströmen den Duft tagsüber, andere wiederum nachts. Wie auch immer – das Duftparadies auf 6.000 Quadratmetern zeigt den erstaunlichen Erfindungsreichtum der Natur und bringt auch Laien die Welt der Pflanzen ganz sinnlich näher.

Adresse Syringa Duftpflanzen und Kräuter, Untere Gräben 1, D-78247 Hilzingen-Binningen, www.syringa-pflanzen.de | **ÖPNV** vom Bahnhof Singen mit dem Bus 7353 bis Binningen Krone, von dort zu Fuß am Bach Biber entlang bis zur Kräutergärtnerei | **Anfahrt** A 81 bis Ausfahrt Hilzingen, weiter auf der B 314 Richtung Waldshut bis zum Hinweisschild »Kräutergärtnerei« bei Binningen fahren und dort abbiegen (circa 800 Meter nach dem Hinweisschild Binningen direkt an der Bundesstraße) | **Öffnungszeiten** März–Okt. Mo–Fr 9–18 Uhr, Sa 9–16 Uhr | **Tipp** Die Mondscheinführung durch den Duftgarten ist ein ganz besonderes Erlebnis. Dabei werden nach Sonnenuntergang in sommerlauer Atmosphäre die abendduftenden Pflanzen wie etwa die Nacht- und die Mondviole vorgestellt.

35__Das Wettenberger Ried
Es liegt was in der Luft

Manchmal sind es nicht die seltenen Pflanzenarten, die faszinierenden Tiere oder die außergewöhnliche Entstehungsgeschichte, die ein Biotop besonders machen. Manchmal ist es einfach eine Stimmung, die in der Luft liegt und die einen wohlig erfasst. So ist es beim Wettenberger Ried. Es ist viel kleiner als etwa das Wurzacher Ried, und seine Bewohner unterscheiden sich nicht wesentlich etwa von denen des Federseerieds. Und doch hat es einen einzigartigen Reiz, der es zum Geheimtipp unter den unzähligen Riedgebieten in ganz Oberschwaben macht.

Das stimmungsvolle Moorgebiet entstand aus zwei eiszeitlichen Seen, welche die Gletscher hinterlassen hatten. Daraus bildeten sich im Laufe der Jahrtausende das Wasenmoos und der Wettensee, zwei Hochmoore mit bis zu dreieinhalb Meter mächtigen Torfschichten. Torfabbau, intensive Entwässerung und landwirtschaftliche Nutzung des Rieds führten dazu, dass das empfindliche Ökosystem vielfach gestört wurde und sich Birkhuhn, Sumpfohreule und Moosfrosch neue Lebensräume suchen mussten. Die wertvollen, artenreichen Riedwälder wurden unter anderem wegen des Baus einer Hochspannungsleitung gerodet und mit Fichten aufgeforstet.

Aber es gab Rettung! 1982 wurde das Gebiet zum Naturschutzgebiet erklärt, 2003 folgte die Bannwaldausweisung (Bannwald: Waldschutzgebiet, in dem jede Art von Nutzung verboten ist). Seitdem wird versucht, die Eingriffe rückgängig zu machen und die wertvollen Lebensräume durch Wiedervernässung und Renaturierung wiederherzustellen. Besonders sind die Einblicke in den Bannwald, der sich ohne menschliches Zutun zu einem Urwald entwickeln wird. Überall kreucht, fleucht und flötet es dort im Sommer; selbst die toten Bäume und morschen Äste leben. Über 1.000 Käferarten haben sich auf Totholz spezialisiert, Waldkauz, Großer Abendsegler und Siebenschläfer suchen Nistplätze und Unterschlupf in den morschen Baumhöhlen.

Adresse D-88454 Hochdorf-Benzenhaus | **Anfahrt** B 30 Ulm / Biberach / Friedrichshafen bis Ausfahrt Hochdorf, auf der K 7564 Richtung Eberhardzell fahren, im Weiler Benzenhaus den Schildern zum Wettenberger Ried folgen und am Waldparkplatz an der Südspitze des Naturschutzgebietes parken | **Tipp** Am nordöstlichen Ufer des Lindenweihers nahe Hochdorf-Unteressendorf befindet sich beim Weiler Linden die ehemalige Burg Linden. Der Weiher selbst ist von einem weiteren Naturschutzgebiet umgeben.

36__Die Großmuttertanne

Viel Holz für die Hütte

Sie stand schon zu Großmutters Zeiten dort, wo sie heute steht. Wahrscheinlich nennt man sie deshalb Großmuttertanne. Vielleicht aber auch wegen ihres Standorts im Großwald auf dem Seerücken, dem Hügelzug am Untersee im Kanton Thurgau.

Im Jahr 2011 wurde diese Tanne – die älteste ihrer Art auf dem Seerücken – bis ins Kleinste vermessen. Die hierbei ermittelten Zahlen und Maße imponieren selbst demjenigen, der die Weißtanne noch nie zu Gesicht bekommen hat. Sie ist 250 Jahre alt, 47 Meter hoch, hat einen Stammumfang von über vier Metern und so viel Holz, dass man ein Einfamilienhaus zwei Jahre lang damit beheizen könnte.

Um die genaue Höhe zu messen, musste der Revierförster hoch hinaus, er kletterte am geraden Stamm bis direkt unter die Baumkrone. Viel höher als die 2011 erklommenen 47 Meter wird er vermutlich auch bei der nächsten Vermessung nicht hinaufsteigen müssen, denn die Gipfeltriebe der alten Weißtannen sprießen mehrheitlich weiter seitlich und im Gegensatz zu noch jungen Bäumen weniger in die Höhe. Das ist einer der Gründe, weshalb der Großmuttertanne die weihnachtstypische Tannenbaumform mit der langen Spitze fehlt. Ihre Krone ist rund, auch weil sie im Laufe der Jahrhunderte immer wieder abgebrochen ist und dann mehrere neue Gipfeltriebe nachgewachsen sind. Steht man unter dem mächtigen Baum, kommt man sich winzig und unscheinbar vor, denn der Wipfel der alten Abies alba (lat.) ist dann kaum erkennbar.

Wenngleich sie auch nicht mehr viel höher wird, im Umfang legt die alte Tanne auch jetzt im Alter noch ordentlich zu. Bis zu 1,30 Zentimeter wachsen ihre Rundungen jährlich, und so wird sie von Jahr zu Jahr stattlicher. 500 bis 600 Jahre alt können Weißtannen werden, bis dahin kann die Baumoma also noch einige Meter im Umfang wachsen. Kinder und Enkel hat sie indes schon einige: Aus ihren Samen sind die umliegenden Tannen gewachsen.

Adresse CH-8507 Homburg-Salen-Reutenen | **Anfahrt** von Kreuzlingen auf der
Hauptstraße 13 Richtung Feuerthalen / Schaffhausen bis Steckborn fahren, dort Richtung
Hörhausen abbiegen und der Straße folgen, bis links eine Abzweigung nach Salen-
Reutenen führt, beim Gasthaus Haidenhaus am Wanderparkplatz parken, die Großmutter-
tanne ist ausgeschildert | **Tipp** Vom Parkplatz Haidenhaus startet auch der fünf Kilometer
lange Panoramaweg, der bei gutem Wetter einen herrlichen Blick vom Seerücken eröffnet.
270 Gipfel vom Allgäu bis zu den Alpen soll man von dort oben sehen können, die
Aussicht gilt als schönste im Kanton Thurgau.

37 Am Säntis

Fotogener Blickfang

Er prägt das Bild des Bodensees in Südrichtung wie kein anderer und scheint an klaren Tagen zum Greifen nahe. Auf Postkarten dominiert er die Kulisse, bei Föhnwetterlage weist er den milden Fallwinden die Richtung zum See. Der Säntis ist mit 2.502 Metern der höchste Gipfel des Alpsteins im Appenzeller Land in der Ostschweiz und kann ob seiner überragenden Lage schon fast als Hausberg des Bodensees bezeichnet werden. Jedenfalls ist er trotz seiner rund 70 Kilometer Entfernung zum See – die Anfahrt mit dem Auto kann eine ganze Weile dauern! – nicht wegzudenken aus der Liste der Naturattraktionen.

Eine Schwebebahn führt auch alpin unerfahrene Wanderer sicher auf den Gipfel, wo eine Rundumsicht auf sechs Länder und eine zum Bodensee und dem hügeligen Oberschwaben grundverschiedene Landschaft wartet.

Am Fuße des Säntis auf der weitläufigen Schwägalp, von wo auch die Schwebebahn auf den Säntisgipfel startet, führt ein Erlebnispfad durch die Natur und die Kulturgeschichte der Landschaft. Vier Themenwege und ein Geologie-Steinpark laden zum Forschungsspaziergang mit ganz unterschiedlichen Blickwinkeln ein. Mal geht es um die Alpwirtschaft, mal ums Moor, im Steinpark gibt es Einblicke in Geologie und Landschaftsgeschichte. Alle Rundwege können kombiniert werden, für jeden Anspruch, ob körperlich oder geistig, ist etwas geboten. Tafelgestaltung und Wegenetz sind vorbildlich, modern und einladend gestaltet und zeugen von einem gekonnten Umgang mit Gästen. Der Erlebnispark ist allerdings mehr als eine Attraktion für Touristen, er trägt durch gezielte Besucherlenkung vor allem dazu bei, die letzten verbliebenen Lebensräume für die Tiere und Pflanzen der intensiv genutzten alpinen Welt zu schützen. Bergeidechse, Alpenschneehuhn, Alpensteinbock, Steinadler und Hochmoorperlmutterfalter sind darauf nämlich leider zunehmend angewiesen.

Adresse Schwägalp, CH-9107 Hundwil | **ÖPNV** mit dem Zug zum Bahnhof Urnäsch oder Nesslau, von dort mit dem Postauto weiter zur Schwägalp | **Anfahrt** A 1 bis Ausfahrt St. Gallen/Winkeln, auf der Route 8 Richtung Herisau/Gossau-Ost/St. Gallen/Abtwil weiterfahren, ab Herisau der Beschilderung Richtung Urnäsch/Schwägalp folgen | **Tipp** In der Alpschaukäserei Schwägalp nahe der Talstation der Säntis-Schwebebahn kann man dem Käser bei der Arbeit zuschauen und frische Milchprodukte kosten und kaufen (www.naturerlebnispark.ch).

38__Der Höchsten

Dialekt auf höchstem Niveau

Hüben und drüben: Ein »Muggaseggele« (schwäbisch für die kleinste Maßeinheit) weiter drüben, und schon gibt es Verständigungs-
schwierigkeiten. Am höchsten Berg des Linzgaus zwischen Donau
und Bodensee, dem Höchsten, scheiden sich die Geister. Denn hier
verläuft die Sprachgrenze zwischen dem schwäbischen Dialekt im
Norden und dem bodenseealemannischen Dialekt im Süden. Während man in Pfullendorf ein »Hous« baut, baut man in Markdorf ein
»Huus«. In Ostrach lernen die Kinder in der Schule »schreibe«, in
Tettnang dagegen »schribbe«. Und da Sprache eng mit kulturellem
Brauchtum zusammenhängt, gibt es auch in dieser Hinsicht kleine,
aber feine Unterschiede. Sie sorgen teils für so viel Unverständnis,
dass sich die oft nur wenige Kilometer entfernten Nachbarn nicht
immer ganz grün zu sein scheinen. Wer wissen möchte, wie sich
deshalb beide Seiten gegenseitig gerne heißen, für den bietet der
originelle schwäbisch-alemannische Mundartpfad auf dem Höchsten eine Infotafel mit allerlei ins Schriftdeutsche nicht zu überset-
zenden Schimpfwörtern.

Sprache und kulturelle Eigenarten sind jedoch nicht das Einzige,
was der 838 Meter hohe Höchsten teilt. Wer auf dem Mundartpfad
spaziert, geht nämlich gleichzeitig auch auf der europäischen Wasserscheide. Die nördlich des Höchsten verlaufenden Bäche fließen
über Andelsbach und Ablach in die Donau, während die südlich
verlaufenden Gewässer über den Bodensee in den Rhein münden.
Die Donau strömt nach 2.857 Kilometern ins Schwarze Meer, während der Rhein in die Nordsee und damit in die entgegengesetzte
Richtung fließt.

Ob nun regionaler Dialekt oder Wassertropfen, der Höchsten
macht deutlich, wie eng verzahnt Natur und Kultur doch sind. Und
dass für viele kulturelle Grenzen oft geografische die Grundlage
sind. Ach ja, was die Aussicht vom Höchsten angeht: Die ist hüben
wie drüben unverwechselbar einmalig.

Adresse D-88636 Illmensee-Höchsten | **Anfahrt** A 81 bis Kreuz Hegau, weiter auf der B 31 Richtung Friedrichshafen, bei der Abfahrt Überlingen Richtung Salem / Pfullendorf abbiegen und nach Salem fahren, weiter Richtung Deggenhausertal über Untersiggingen, Azenweiler, in Azenweiler links nach Wahlweiler und weiter den Berg hoch bis Ortsschild Rubacker, weiter zum Bodensee Berghof Höchsten, dort parken | **Tipp** Am Bodensee Berghof Höchsten hat Familie Kleemann einen tollen Kräuter- und Duftgarten angelegt, in dem es über 100 verschiedene Kräuter zu entdecken gibt. Ein Teilbereich stellt Heilpflanzen nach Hildegard von Bingen vor. Vorträge, Workshops und Aktionen umrahmen das Kräuterangebot (www.hoechsten.de).

39 __ Die Donauversickerung

Hokuspokus Fidibus

Die Natur kann ausnahmslos alles, auch zaubern! Hokuspokus Fidibus und weg ist die Donau zwischen Immendingen und Tuttlingen-Möhringen. An Sommertagen findet man nur ein trockenes Flussbett, das Wasser vermissen lässt. Trockenen Fußes kann man dann die Donau am Oberlauf durchqueren. Ab Mitte Mai bis September versinkt der bei Donaueschingen aus Brigach und Breg zusammengeflossene junge Strom nahezu vollständig im Untergrund. Im Winter dagegen passiert ein Teil des Flusswassers diese Stelle und macht sich auf den insgesamt 2.857 Kilometer langen Weg ins Schwarze Meer.

Doch wohin verschwindet das Wasser und warum? Grund für das Naturphänomen sind die Gesteinsschichten des Weißen Jura im Untergrund. Vor rund 350 Millionen Jahren bedeckte ein warmes subtropisches Meer große Teile Süddeutschlands, auch die Gegend rund um Immendingen. Nach und nach trocknete es aus und hinterließ mächtige Sedimentschichten, die heute als Schwarzer, Brauner und Weißer Jura im Untergrund das Ausgangsgestein bilden. Der Weiße Jura, der rund um Immendingen vorherrscht, besteht aus wasserlöslichem Kalk. Im Laufe der Zeit haben sich in diesem Kalkgestein zahlreiche Risse und Klüfte gebildet. Anfangs floss die Donau unbeirrt über das Juragestein auf ihrem Weg Richtung Schwarzes Meer. Doch nach und nach löste ihr Wasser den Kalk auf, und sie grub sich immer tiefer in den Boden, bis sie die Spalten und Risse im Untergrund erreichte. Dorthinein versinkt nun ihr Wasser und fließt dann in einem Hohlraumsystem unterirdisch ab – jedoch nicht Richtung Donaubett, sondern Richtung Bodensee. Das Wasser, das bei Immendingen versickert, kommt nämlich ein paar Tage später rund zwölf Kilometer entfernt und etliche Höhenmeter tiefer am Aachtopf wieder an die Oberfläche und fließt dann als Radolfzeller Aach weiter. Genau genommen »klaut« also die Radolfzeller Aach der Donau das Wasser!

Adresse zwischen D-78194 Immendingen und D-78532 Tuttlingen-Möhringen | **Anfahrt** A 81 bis Ausfahrt Geisingen, weiter über die B 311 Richtung Tuttlingen, bei Möhringen rechts Richtung Hattingen auf die K 5944 abbiegen, an der Eisenbahnbrücke befindet sich ein Parkplatz, von dort zu Fuß Richtung Donau wandern | **Tipp** Auf Wassersuche: Einen Besuch der Donauversickerung kann man gut mit einem Besuch am Aachtopf verbinden – thematisch passt das wunderbar.

40___Am Höwenegg
Auf Urzeit-Safari

Bei einer Safari rund um den Vulkan Höwenegg hätte man vor rund elf Millionen Jahren eine Menge zu staunen gehabt: An einem See unterhalb des Vulkans tummelten sich Nashörner ohne Horn, und verschiedene Hirscharten, Säbelzahntiger und Hyänen stritten sich um Beute, in den kleineren Waldungen suchten elefantenähnliche Mastodons Zuflucht, während auf den offenen Grasflächen Herden von Antilopen und Urpferden weideten. Wenn Tiere starben und ihre Kadaver in den See gerieten, wurden sie in einer stillen Bucht von dem feinkörnigen Mergelton bedeckt und für Jahrmillionen konserviert. Einen See gibt es hier nun schon lange nicht mehr, das Klima hat sich mehrmals verändert, und Eismassen haben die Landschaft mittlerweile überformt. Nicht zuletzt hat der Mensch in der jüngsten Vergangenheit den Vulkankomplex durch den Basaltabbau gründlich verändert und dabei auch ein Stück Erdgeschichte freigelegt.

Die ersten größeren Fossilien aus dem Erdzeitalter des Miozäns wurden in den 1930er Jahren gefunden, als ein Entwässerungsgraben für den im Vulkankrater des Höwenegg betriebenen Basaltsteinbruch angelegt wurde. Bei den darauffolgenden Ausgrabungskampagnen ab den 1950er Jahren kamen mehrere gut erhaltene Überreste der damaligen Tierwelt zutage. Vor allem die kompletten Skelette des zebraähnlichen dreizehigen Urpferdes Hipparion machten den Höwenegg als tertiäre Fossilienfundstätte weltberühmt.

Der Höwenegg südlich von Immendingen ist der nördlichste der Hegauvulkane und misst heute 798 Meter – nachdem er 14 Meter durch den Abbau von Basalt lassen musste. Im rund 85 Meter tiefen Krater des ehemaligen Steinbruchs, der bis 1979 betrieben wurde, hat sich mittlerweile ein See aus Regenwasser gebildet. Bevor dort Stein abgebaut wurde, stand auf dem Basaltkegel die im Mittelalter gebaute Burg Hewenegg. Seit 1983 stehen Berg, Burg und Steinbruch unter Naturschutz.

Adresse Am Hewenegg, D-78194 Immendingen | **Anfahrt** A 81 Ausfahrt Geisingen, weiter auf der B 31/B 311 nach Immendingen, auf der L 225 von Immendingen Richtung Mauenheim bis zum Parkplatz Am Hewenegg | **Tipp** Das Naturkundemuseum Karlsruhe hat die Fossilienfunde aus Südbaden in eine Dauerausstellung aufgenommen. Gezeigt werden nicht nur Stücke aus der Fundstätte Höwenegg, sondern auch aus Öhningen am Bodensee. Auch im Heimatmuseum Immendingen (Hindenburgstraße 2) finden sich Zeugnisse der örtlichen Grabungen.

41 Das NSG Schopfeln-Rehletal

Von diesen Schuhen kriegt man nie genug

Des einen Freud, des anderen Leid: Bei Frauenschuhen gehen die Meinungen meist geschlechterspezifisch auseinander. Sind die Schuhe allerdings gelb mit lila Riemchen und ohne Sohle, dann können sie mit ihrer Schönheit Männer und Frauen auch vereinen: Der Gelbe Frauenschuh (lat. Cypripedium calceolus) ist der Manolo Blahnik unter den heimischen Orchideen. Die Blüte ist gelb, und ihre Form erinnert an einen Schuh, der von vier äußeren lila- bis schokoladenbraunen Perigonblättern umrahmt wird. Der spanische Schuhdesigner Blahnik hätte sie sich hübscher nicht ausdenken können.

Um die wohl schönste wild wachsende Orchideenart blühen zu sehen, treten Blumenfreunde im Mai und Juni gerne einmal längere Reisen an, denn der Frauenschuh ist selten geworden und steht in allen Ländern unter strengem Schutz. Dann wird auch das Naturschutzgebiet Schopfeln-Rehletal bei Hattingen zum allseits beliebten Ausflugsziel. Dort, im Buchen- und Geißklee-Kiefernwald, blühen neben anderen Prachtexemplaren der Blumenwelt auch die Gelben Frauenschuhe in großer Anzahl. Meist auch schon ein bisschen früher als in anderen Regionen, was einen zusätzlichen Reiz auf Botaniker und gewöhnliche Ästheten ausübt.

Botanische Lehr- und Pflanzenbestimmungsbücher kann man beim Spaziergang durch den Wald getrost zu Hause lassen, denn jede einzelne besondere Blume im Wald ist mit einem Namensschild versehen. Besonders für Laien ist das eine große Hilfe, schließlich wachsen die meisten der schönsten Blumen so versteckt, dass man sie selten auf Anhieb findet. Und so kann man am Wegesrand im Schutzgebiet Waldvöglein, Knabenkräuter, Mairöschen, Mücken-Händelwurz, Stendelwurz und andere botanische Kostbarkeiten leicht entdecken. Nicht nur im Frühjahr lohnt ein Besuch im Schutzgebiet, bis in den Herbst blühen vereinzelt noch Enziane im Wald.

Adresse D-78194 Immendingen-Hattingen | Anfahrt A 81 Ausfahrt Engen, weiter
auf der B 491 Richtung Emmingen-Liptingen/Tuttlingen, an der Talmühle auf die
K 6179/K 5944 Richtung Immendingen-Hattingen fahren, der Parkplatz befindet sich
linker Hand auf halber Strecke von der Talmühle nach Hattingen | Tipp In den Wäldern
Immendingens hat die Köhlerei jahrhundertelange Tradition. Wer Näheres zu dieser Art
der Holzkohlegewinnung erfahren möchte, besucht am besten den Schaukohlenmeiler am
Waldweg von Immendingen Richtung Bachzimmern.

42___Die Insel Mainau

Blumen-meer trifft Boden-see

Als »kokette Dame« bezeichnete der verstorbene Graf Lennart Bernadotte liebevoll seine Insel Mainau. Sie fordere »ständig große Aufmerksamkeit, noch mehr Liebe und unaufhörlich neue Kleider«. Der Graf hat es wissen müssen, schließlich gehörte seiner schwedischstämmigen Adelsfamilie seit mehreren Generationen die kleine Molassescholle im Überlinger See, die er in den 1930er Jahren in eine traditionsverbundene neue Blütezeit führte. Mittlerweile ist das von Wasser umgebene Stück Land in den Besitz der Lennart-Bernadotte-Stiftung übergegangen, die nun dafür Sorge trägt, dass sich das kleine Eiland zu jeder Jahreszeit in einem neuen farbenprächtigen Blümchenkleid präsentiert. Nicht nur um seiner selbst willen, sondern vor allem, um als bekannteste Touristenattraktion am Bodensee über eine Million Besucher jährlich mit seiner üppigen Blütenpracht zu verzaubern.

Um die Blumeninsel das ganze Jahr über attraktiv zu halten, ist ganz schön viel Arbeit nötig. Unzählige hart arbeitende und trotzdem meist unsichtbare Gärtner und Landschaftsplaner sind ab Winter im Einsatz, helfen der Natur in ihr vorgesehenes Korsett und schneiden, planen, putzen und pflanzen Tausende von Tulpen-, Narzissen- und Hyazinthenzwiebeln. Diese erblühen im Frühjahr als Erste und säumen farbenprächtig die Frühlingsstraße, bevor im Sommer die eleganten Rosen – wild oder gezüchtet – und im Herbst die über 250 Dahlienarten das bunte Gesicht der Insel prägen. Für Gartenliebhaber und Hobbygärtner ist die Insel Mainau eine Art Mekka, sie präsentiert meisterhaft die Kunst des Gartenbaus, inspiriert und betört die Besucher mit Farben und Düften, wie es die Natur allein in dieser Fülle nicht zu tun vermag.

Neben der Blütenpracht birgt die Insel auch botanische Exoten, zum Beispiel im parkartigen Arboretum, wo Mammutbäume, Atlaszedern und Tulpenbäume die Besucher immer wieder staunen lassen.

Adresse D-78465 Insel Mainau | **ÖPNV** Schiff: Alle Landungsstellen am Bodensee steuern die Insel Mainau an. | **Anfahrt** Über die B 33 Richtung Konstanz nach Hegne und der Beschilderung Richtung Insel Mainau folgen. Der Parkplatz befindet sich auf dem Festland, eine Fußgängerbrücke führt direkt auf die Insel. | **Öffnungszeiten** ganzjährig für Besucher geöffnet; das Blumenjahr beginnt Ende März und geht bis Oktober | **Tipp** Die Grüne Schule auf der Insel Mainau ist eine außerschulische Umweltbildungseinrichtung, in der Kinder und Jugendliche mit allen Sinnen an die Natur herangeführt werden (www.mainau.de/grueneschule.html; www.gaertnern-fuer-alle.de).

43___Ein Gartenrendezvous

Zu Gast daheim

Bioladen, Fitnessclub, Atelier, Arche Noah, Klimaschutzzentrum: Ein Garten kann viel mehr sein als nur eine nützliche Naturinsel um die eigenen vier Wände herum. So unterschiedlich wie die Motivationen der Gärtner sind, so vielfältig sind auch ihre grünen Kleinode: naturnah oder parkähnlich, romantisch oder rustikal, kunterbunt, meditativ oder einfach schön.

Abgesehen von öffentlichen Parkanlagen und dem ein oder anderen neugierigen Blick zwischen lichten Hecken ins private Grün bleiben jedoch viele der liebevoll gestalteten natürlichen Sehenswürdigkeiten vor der Öffentlichkeit verborgen – verständlicherweise, um die wohlverdiente Ruhe im Eigenheim nicht zu stören. Nicht so am Untersee: Dort laden Naturliebhaber, Pflanzenzüchter, Forscher, Hobby-Landschaftsarchitekten und professionelle Gärtner zum Gartenrendezvous ein und öffnen Neugierigen das Törchen ins teils private Naturidyll.

Zu ihnen gehören auch Karin und Gottfried Böhler. Sie haben die mediterrane Botanik hinter ihrem Haus in Niederzell auf der Insel Reichenau Interessierten zugänglich gemacht. Duftender Lavendel und prächtige Rosenbüsche zieren das großzügige Gelände der Böhlers vor der sagenhaften Kulisse direkt am Gnadensee. Kleine Skulpturen, botanische Besonderheiten, ganz viel Liebe zum Detail und ein bisschen Poesie an der Pinie schaffen eine wunderbare Stimmung im gepflegten Reich des Ehepaars, welches die Arbeit früher auch gerne mal mit nach Hause nahm: Die beiden waren bis 2003 Inhaber einer Gärtnerei auf der Insel Reichenau, in der sie von Berufs wegen Gartenarbeit betrieben.

Neben den Böhlers in Niederzell lädt unter anderen auch Eva Eberwein in Gaienhofen ein, den Bauerngarten des 1907 gebauten Landhauses von Hermann Hesse zu besuchen, den die Eigentümerin nach jahrzehntelanger Verwahrlosung im Sinne des Schriftstellers wiederhergestellt hat.

Adresse Privatgarten Karin und Gottfried Böhler, Im Hörnle 4, D-78479 Insel Reichenau |
Anfahrt ab dem Autobahnkreuz Hegau der B 33 nach Konstanz folgen, auf der L 221 nach
Reichenau bis Niederzell fahren (Parkplatz an der Niederzeller Straße bei der Kirche St. Peter
und Paul), zu Fuß am Seeufer entlang durch die Fischergasse bis Im Hörnle gehen |
Öffnungszeiten Der Garten kann jederzeit ohne Voranmeldung besucht werden (Gruppen
nur nach Voranmeldung). | **Tipp** In der Broschüre Garten-Rendezvous des Tourismus
Untersee e. V. sind alle Gärten zusammengefasst (www.garten-rendezvous-bodensee.de).
Der Weg ist das Ziel: Der mit Pappeln gesäumte Damm zur Insel Reichenau wurde
1828 aufgeschüttet und bildet den Beginn der Deutschen Alleenstraße, die auf etwa
2.900 Kilometern die Insel Rügen mit dem Bodensee verbindet – ein tolles Naturerlebnis.

44__ Der Kloster-Kräutergarten
Wie ein Gedicht

»Dulcis adore, gravis virtute atque utilis haustu.« Wer von Halsschmerzen geplagt ist, der weiß, wovon Walahfrid Strabo in seinem lateinischen Lehrgedicht »Liber de Cultura Hortorum« (Über den Gartenbau) so liebevoll spricht. Süßlich duftet der Salbei, er ist voll heilsamer Kräfte, das hat der ehemalige Klosterschüler, Benediktinermönch und spätere Abt des Klosters Reichenau schon um 827 gewusst und in lyrischer Form der Nachwelt hinterlassen. Und auch heute noch ist Salbeitee das Hausmittel gegen einen entzündeten Rachen und hübscher Bestandteil fast jeden Kräutergartens.

Neben dem blau blühenden Salbei besang Strabo 23 weitere Küchen- und Heilkräuter sowie Zierpflanzen, darunter Wermut, Fenchel, Minze oder Liebstöckel, und schuf so eines der ersten Zeugnisse der Gartenkultur in Deutschland – und schrieb damit Geschichte. Wenngleich für den Gelehrten wohl weniger die Botanik als vielmehr die Liebe zur und die Ehrfurcht vor der Natur entscheidend gewesen sein dürften. Seine Kenntnisse erwarb der Mönch jedenfalls bei der Arbeit im Klostergarten, dort machte er sich mit dem Nutzen und den Heilwirkungen der Pflanzen, ihrer Symbolkraft und Schönheit vertraut.

Für Besucher wurde der einstige Einsatzort Strabos, der Kräutergarten des Klosters Reichenau, 1991 nach historischem Vorbild rekonstruiert und ist seitdem frei zugänglich. In acht rechteckig angeordneten Beeten, die von 16 weiteren in halber Größe umgeben sind, wachsen dort wieder jene 24 Pflanzen, die das Liber de Cultura Hortorum erwähnt. Auf einer kleinen Tafel sind sie nach Strabos Vorbild beschrieben.

Wer allerdings nicht um die historische Bedeutung weiß, für den mag der Kräutergarten zugegebenermaßen eher bescheiden wirken. Es lohnt in diesem Falle, eine Führung mitzumachen, um die Eindrücklichkeit dieses kleinen Stückchens Land und seine Relevanz für die Nachwelt richtig zu erfassen!

Adresse Klostergarten beim Münster St. Maria und Markus, D-78479 Insel Reichenau, www.reichenau.de | **Anfahrt** ab dem Autobahnkreuz Hegau der B 33 nach Konstanz folgen, den Schildern nach Reichenau folgen und über die Pappelallee auf die Insel fahren, der L 221 folgen bis nach Reichenau-Mittelzell (Parkplatz am Yachthafen an der Hermannus-Contractus-Straße) | **Öffnungszeiten** Führungen werden im Sommer angeboten, die Touristen-Information bietet hierzu weitere Informationen. | **Tipp** Vom höchsten Punkt der Insel Reichenau, dem Aussichtspunkt beim Hochwart (441 Meter über Normalnull, Hochwartstraße), hat man einen herrlichen Blick über die Landschaft des Untersees; hier liegt einem die Insel mit ihren Kirchen, den Gemüsefeldern und den vielen Gewächshäusern zu Füßen.

45 _ Bei Riebels

Natur in ihrer leckersten Form

Frischer geht's nicht: Beim Mittagessen »Bei Riebels« auf der Insel Reichenau wird das serviert, was Stefan Riebel und sein Sohn in den frühen Morgenstunden aus dem See vor der Imbissstube geholt haben. Fangfrischer Felchen, Hecht, Kretzer und Co. – Natur in ihrer leckersten Form. Geräuchert, gebraten, gedünstet, als Suppe, mit Kartoffeln, im Wecken ... unter Fischgourmets ist der schnörkellose Laden längst zum Geheimtipp avanciert. Die angeschlossene Fischhandlung bietet auch Produkte aus zertifizierten Zuchten in Süddeutschland, um das Angebot konstant zu halten.

Seit 1986 führen Riebels den Familienbetrieb. Fischerei ist für Stefan Riebel, den Berufsfischer in der zigsten Generation, nicht nur Broterwerb, sondern Leidenschaft. Und noch eines gehört für ihn dazu: die Naturverbundenheit.

Viel verändert hat sich sein Handwerk über die Jahrzehnte nicht, erzählt der Hausherr. Kunststoffnetze statt Baumwolle, das Boot nicht mehr aus Holz, ein Motor ersetze das Ruder, doch der oft mühevolle Tagesablauf sei gleich geblieben. Netze setzen, Fische aus den Maschen friemeln, die Netze reparieren und immer auf »Viel und Groß« hoffen, besonders in Zeiten sinkender Erträge. Denn der Bodensee ist gegenüber den 1960er Jahren sehr viel sauberer geworden. Eine sehr erfreuliche Entwicklung, wenngleich die Berufsfischer den dreckigen Zeiten eine Träne nachweinen dürften. Denn den Fischen stehen in einem sauberen Bodensee weniger Nährstoffe zur Verfügung, und die Fänge fallen zunehmend geringer aus.

Manchmal greifen die Fischer der Natur deshalb ein bisschen unter die Arme – so auch die Riebels. Beim Bodenseefelchen, dem Brotfisch der Fischer etwa, wird beim Brüten nachgeholfen. Erst wird den Fischen der Laich entnommen, dann werden die Eier befruchtet, unter optimalen Bedingungen in den Fischzuchtanstalten ausgebrütet und schließlich wieder in den Bodensee ausgebracht.

Adresse Seestraße 13, D-78479 Insel Reichenau | **Anfahrt** A 81 bis Kreuz Hegau, weiter auf der B 33 nach Konstanz, über den Damm auf die Insel fahren, dort bis zur ersten Kirche in Oberzell, dann nach rechts in die Seestraße abbiegen und am See entlangfahren, nach 150 Metern befindet sich die Fischhandlung auf der linken Seite | **Öffnungszeiten** Ab 11.30 Uhr gibt es (außer im Winter) warme Küche. | **Tipp** Wer sich an der Bekämpfung von Neozyten – fremde, eingeschleppte Arten – beteiligen möchte, kann Riebels hervorragende Krebssuppe mit den sich am Bodensee stark ausbreitenden amerikanischen Kamberkrebsen probieren. Beim Strandspaziergang am Untersee kann man häufig ihre Skelette – erkennbar am dornigen Panzer und den orangefarbenen Scherenspitzen – entdecken.

46 Das Arrisrieder Moos

Stimmungsvolle Natur für Raucher und Bäcker

Wer oft und gern Pfeife raucht, muss sein Rauchinstrument regelmäßig pflegen. Dafür gibt es heute Pfeifenreiniger in allen Farben – oder die schon früher gebräuchliche natürliche Variante: das Süßgras Molinia. Seine harten Halme eignen sich hervorragend zum Putzen von Pfeifen, weshalb die Molinia landläufig auch als Pfeifengras bekannt geworden ist. Den Moor-Pfeifengräsern im Arrisrieder Moos blieb dieses Schicksal offenbar erspart, schließlich beginnen die dortigen Bestände der häufigsten Riedgräser zwischen den wenigen Blaubeeren und dem bisschen Heidekraut langsam zu verbuschen. Anders als etwa die pinkfarbene Mehlprimel, die ihren Namen vom weißen Belag an den Blattunterseiten hat, ist das Pfeifengras im Moos nicht selten und besticht auch nicht durch eine auffallende Blütenfarbe. Dafür aber hat es die spannendere Geschichte zu seiner Verwendung zu erzählen!

Das Arrisrieder Moos liegt nahe Kißlegg im Westallgäuer Hügelland, der typischen Jungmoränenlandschaft. Der Hochmoorrest und die Moorlandschaft drum herum entstanden aus einem verlandeten See zwischen zwei Endmoränenwällen des Rheingletschers. Seit 2014 wird das Moos wiedervernässt, man kann es deshalb vorübergehend nur umrunden und nicht durchqueren. Wenngleich das Naturschutzgebiet, was Informationsbereitstellung angeht, nicht mit dem benachbarten Burgermoos mithalten kann, ist die stimmungsvolle Landschaft dennoch einen Besuch wert. Neben unzähligen Libellen- und Falterarten wie etwa dem Hochmoorgelbling kommt im Riedgebiet noch die heute selten gewordene giftige Kreuzotter vor. Ein Lehrpfad führt anhand von nicht immer auffindbaren Zahlen und einer Begleitbroschüre in die Flora und Fauna des Gebietes ein. Unterhaltsamer und ergiebiger ist es jedoch, sich auf die eigenen Augen und Ohren zu verlassen und die trotz der vermeintlichen Tristesse reichhaltige Moorlandschaft mit allen Sinnen zu genießen.

Adresse südlich von D-88353 Kißlegg | **Anfahrt** A 96 bis Ausfahrt Kißlegg, am Kreis-
verkehr westlich der Autobahn die zweite Ausfahrt nehmen und der Nebenstraße rund
3 Kilometer bis zum Parkplatz am Waldrand westlich des Weilers Hilpertshofen folgen |
Tipp Die Begleitbroschüre zum Moor-Lehrpfad ist im Gästeamt Kißlegg erhältlich.
Dort gibt es auch weitere Informationen zu umliegenden Naturschätzen wie etwa dem
26 Hektar großen Naturschutzgebiet Zellersee westlich von Kißlegg.

47__Das Burgermoos
Mathematik zum Anfassen

Dreisatz für Naturfreunde: Wenn in einem Jahr ein Millimeter Moor entsteht und im Burgermoos bei Kißlegg 1,5 Meter tief Moorlandschaft durch Torfabbau abgetragen wurde, wie vielen Jahren entspräche das dann? Mathematik ist gewiss nicht jedermanns Sache. Deshalb lässt sich die Antwort auf diese spannende Frage auch ohne großes Zahlenjonglieren anhand einer Schautafel beim Rundgang durch das Riedgebiet erfahren. Wie ein Maßband zeigt die Informationssäule die Höhe des Torfabbaus und rechnet eindrücklich vor, dass mit dem gestochenen Torf 1.500 Jahre Erdgeschichte freigelegt wurden. Im Umkehrschluss bedeutet das natürlich, dass es, um das ehemalige Hochmoor wieder vollständig zu renaturieren, ab jetzt weitere 1.500 Jahre ohne menschliche Eingriffe bräuchte – sofern das Klima gleich bleibt ...

Was das Klima allerdings angeht, beißt sich die Katze sprichwörtlich in den Schwanz. Denn Moorgebiete speichern sehr viel Kohlenstoffdioxid, ein Treibhausgas, das für den Klimawandel maßgeblich mitverantwortlich ist. Durch die Zerstörung der Moorlandschaften wie durch Entwässerung und Torfabbau wird das Gas freigesetzt und damit das Klima langfristig mit verändert. Gleichzeitig sind die Hochmoore selbst in Gefahr, weil sich mit dem bereits eingesetzten Klimawandel auch die Niederschlagsverhältnisse ändern. Regen ist die feuchte Grundlage eines Hochmoors. Da hilft nur, nicht ganz uneigennützig ein wenig nachzuhelfen. Naturschutz bedeutet in diesem Fall nicht nur, nicht zu stören, sondern auch Hand anzulegen. Moore müssen entbuscht und wiedervernässt werden, um dem Klimaschutz unter die Arme zu greifen.

Die Eingriffe der Vergangenheit sind überall im Burgermoos noch gut sichtbar, sei es in Form der tiefschwarzen, kleinen Moorseen, den ehemaligen Torfgruben, oder am kurzweiligen und informativen Erlebnisrundweg selbst, der auf Holzbohlen entlang der ehemaligen Torfbahnschienen verläuft.

Adresse nordwestlich von D-88353 Kißlegg | **Anfahrt** A 96 Ausfahrt Kißlegg, über die L 265 nach Kißlegg, in der Ortsmitte rechts Richtung Bad Waldsee halten, dann links und über die St.-Anna-Straße auf die Le-Pouliguen-Straße Richtung Familienfreizeitgelände St. Anna fahren | **Tipp** Moorschutz von zu Hause: Als Alternative zu torfangereicherten Blumenerden eignen sich Kompost und extra gekennzeichnete torffreie Erde zum Gärtnern daheim. Im Burgermoos-Stüble, Oberriedgarten 8, kann man gemütlich einkehren und sich im Stüble oder Biergarten mit Herzhaftem stärken (www.burgermoos-stueble.de).

48 Der Heilige Stein

Die Kirche mal im Dorf lassen

Mysteriös ist wohl das treffendste Adjektiv für den riesigen Granit-block mitten im Wald zwischen Waltershofen und Merazhofen. Wie gelangte ein rund 39 Tonnen schwerer massiver Felsblock in den Waltershofer Wald? Warum liegt er da, was hat er dort zu su-chen? Wenngleich die Herkunft des eindrucksvollen Steins mittler-weile geklärt ist, ranken sich um das »Was« und »Warum« nach wie vor sagenhafte Geschichten und Mythen.

Der rund vier Meter lange und drei Meter hohe Felsblock ist ein Geschenk der Alpen. Als Mitbringsel der langsam, aber stetig vor-wärtsfließenden Eismassen während der Würm-Kaltzeit kam der Monolith ins Alpenvorland, wo er nach Rückzug des Gletschers als Erinnerung an eisige Zeiten auf einer Kuppe einfach liegen blieb. Etwas anderes kam erst einmal auch nicht in Frage, denn 39 Tonnen massiven Stein bewegt so schnell keiner von der Stelle.

Oder doch? Im Volksmund heißt es, es liege ein Kirchenschatz unter dem Felsblock versteckt, und immer karfreitags um zwölf Uhr hebe sich der Stein von selbst an. Vielleicht wird er deshalb auch als »Heiliger Stein« bezeichnet. Vielleicht kommt der Name aber auch daher, dass die Bewohner von Waltershofen angeblich während des Dreißigjährigen Krieges ihre Gottesdienste im Wald am Stein ab-gehalten haben, weil die Kirche im Dorf zerstört war. Den Legen-den zufolge hat der Felsblock übersinnliche, schützende Kräfte, denn die Bauern der umliegenden Dörfer, die sich im Dreißigjährigen Krieg vor den mordenden Schweden in den unzugänglichen Wald flüchteten und dort mit Hab und Gut verharrten, blieben angeblich unentdeckt.

Verwunderlich ist es nicht, dass dem auffälligen Eiszeitzeugen so viele Geschichten zugeschrieben werden. Denn außergewöhnliche Naturphänomene haben von alters her die Menschen dazu verleitet, Glaube, Aberglaube und Historie zu vermischen und damit myste-riöse, mythische Orte zu schaffen.

Adresse bei D-88353 Kißlegg-Waltershofen | **Anfahrt** A 96 bis Ausfahrt Kißlegg / Isny / Wolfegg, nicht Richtung Kißlegg (!), sondern den Schildern nach Waltershofen folgen, vom Ortskern Waltershofen Richtung Leutkircher Teilort Merazhofen auf der schmalen Merazhofer Straße (nicht über die L 265), direkt am Waldrand gibt es eine nicht ausgewiesene Parkausbuchtung, von dort zu Fuß am Waldrand weiter, bis ein Wegweiser zum Heiligen Stein führt | **Tipp** Bei Fischreute nahe Kißlegg-Sommersried gibt es noch einen außergewöhnlichen Stein: den fünf Meter hohen Zeppelinstein. Er wurde aus Geröllsteinen gefertigt, mit einem großen Z versehen und erinnert an die Notlandung des Grafen Zeppelin bei einem Probeflug mit dem Zeppelin über den Bodensee im Jahr 1906.

49___Das Naturmuseum

Anfassen erlaubt

Wie ist der Bodensee eigentlich entstanden? Bücher dazu gibt es en masse, aber mal ehrlich: Können Sie sich den einst über einen Kilometer mächtigen Rheingletscher bei seiner Hobelarbeit allein durch ein paar zu Papier gebrachte Worte vorstellen? Besser ist es doch, etwas vor Augen zu haben, das die Entstehungsgeschichte anschaulich macht und die Größenverhältnisse verdeutlicht. Im Bodensee-Naturmuseum in Konstanz direkt auf dem Sea-Life-Centre-Gelände geht das. Dort wird die Geschichte des Bodensees und seiner Naturräume in Szene gesetzt und für Jung und Alt bildlich dargestellt. Man darf vieles anfassen und oft mitmachen, aussuchen und draufdrücken, streicheln und auch mal zwicken. Letzteres gilt natürlich nicht für Besucher des Museums, sondern nur für das borstige Wildschwein und den schwarz-weißen Dachs, die als Streicheltiere im Museum ausgestellt sind. Originalgetreu nachgebaut sind der riesige Moschusochse, der während der Eiszeit am See gelebt hat, oder die vergleichsweise winzige Schneeeule. Besonders Kinder werden so anschaulich und altersgerecht an Geografie, Geologie, Botanik und Erdgeschichte herangeführt und – wer weiß? – vielleicht auch nachhaltig begeistert.

Neben der Dauerausstellung zum See, seiner Entstehung und seiner Umwelt auf der 560 Quadratmeter großen Ausstellungsfläche ist es aber auch der wunderbare Blick durch das riesige Panoramafenster, der in Erinnerung bleibt. Dafür lohnt es sich, das Museum nicht nur bei Regenwetter zu besuchen, sondern auch bei Sonnenschein, wenn die Sicht über den See klar ist und die Alpen am Horizont durch das installierte Fernrohr genau unter die Lupe genommen werden können.

Vor dem Museum gibt es das Spiel- und Lerngelände »Steine im Fluss«, das Kinder magisch anzieht. Hier können sich die Jüngsten beim Steineklopfen, Planschen, Klettern und Fossiliensuchen austoben und weiterbilden.

Adresse Bodensee-Naturmuseum, Hafenstraße 9, D-78462 Konstanz | **ÖPNV** vom
Hauptbahnhof seewärts rechts bis zum Sea-Life-Centre gehen; mit dem Boot: von der
Anlegestelle der Bodenseeschiffsbetriebe sind es nur 5 Gehminuten bis zum Bodensee-
Naturmuseum | **Anfahrt** direkt hinter dem Hauptbahnhof Konstanz nahe der Innenstadt
Konstanz im Hafengelände gelegen (wenig Parkplätze!) | **Öffnungszeiten** Sept.–Juni
10–17 Uhr, Juli, Aug. 10–18 Uhr | **Tipp** Wer mehr über die westliche Bodenseelandschaft,
ihre Entstehung, die Tiere und Pflanzen und die Brauchtümer der Region erfahren
möchte, kann sich auch an einen Bodenseeguide beziehungsweise Bodenseelandguide
wenden (www.landschaftsfuehrer.info).

50 Das Wollmatinger Ried
Schottische Gastarbeiter

Schotten am Bodensee? Nichts Ungewöhnliches eigentlich, ist der See doch beliebter Tourismusmagnet und zieht über 30 Millionen Besucher jährlich an – darunter natürlich auch Bewohner der königlichen Insel.

Die Schottischen Hochlandrinder sind jedoch keine Besucher, sondern bereits heimisch geworden am Seeufer bei Konstanz. Sie sind auf den Streuwiesen nahe des Gottlieber Weges in einem der ältesten Naturschutzgebiete am Bodensee anzutreffen, dem Wollmatinger Ried-Untersee-Gnadensee.

Dieses Naturhighlight vor der Metropole Konstanz ist Rückzugsort für viele selten gewordene Tiere und Pflanzen und Brut- und Rastplatz für zahlreiche Wasservögel. Und Arbeitsplatz der Schottischen Hochlandrinder. Auf einem Spaziergang von der Kläranlage Konstanz bis hinunter zum Seerhein bei Gottlieben können die genügsamen zotteligen Riesen des schottischen Hochlandes bei der Arbeit bestaunt werden. Sie beweiden die Streuwiesen des Naturschutzgebietes und helfen dadurch, die Struktur- und Artenvielfalt dieser Landschaft zu erhalten. So wird der letzte Standort der Sumpf-Siegwurz in Baden-Württemberg bewahrt. Diese Wildgladiole ist eine der größten botanischen Kostbarkeiten des Wollmatinger Rieds.

Weniger Arbeit muss dagegen in die Reste der natürlichen Auwälder des 767 Hektar großen Naturschutzgebietes und die Flachwasserzonen und ufernahen Schilfgürtel gesteckt werden, denn hier übernimmt die Natur weitestgehend selbst das Ruder. Vom Campingplatz in Hegne aus und von der Beobachtungsplattform auf dem Reichenauer Damm erhält man einen Einblick in eines der bedeutendsten Naturreservate am See und kann vielleicht auch einen Blick auf die selten gewordene Weißkopfruderente oder den Eistaucher erhaschen. Große Teile des Naturschutzgebietes sind nämlich nicht frei zugänglich, um die Tiere nicht zu stören.

Adresse D-78467 Konstanz | **Anfahrt** A 81 bis Kreuz Hegau, dann über die B 33 nach Konstanz, auf der B 33 am Stadteingang Konstanz bei der Kläranlage rechts in die Fritz-Arnold-Straße einbiegen, weiter auf dem Fußweg Gottlieber Weg oder zum NABU-Führungstreffpunkt »Vogelhäusle« | **Tipp** Das NABU-Naturschutzzentrum Wollmatinger Ried im alten Bahnhof in Reichenau betreut das Naturschutzgebiet und bietet Führungen unter fachkundiger Anleitung an, bei denen die sonst nicht zugänglichen natürlichen Rückzugsorte der Tiere auch vorsichtig betreten werden dürfen (www.nabu-wollmatingerried.de).

51 Der Teufelstisch

Die dunkle Seite des Sees

Teuflisch, dieses Adjektiv verbindet man gemeinhin kaum mit dem Bodensee. Herrlich, traumhaft, idyllisch, sehenswert, das sind Wörter, die doch eher zum Sprachgebrauch zum Schwäbischen Meer passen. Und doch: Der Bodensee hat auch eine dunkle Seite, und bestes Beispiel dafür ist der Teufelstisch. Mystisch, geheimnisvoll und herausfordernd liegt diese Felsnadel im Überlinger See und hat schon so manchen Taucher das Leben gekostet.

Die Landschaft um den Bodensee wird in zahlreichen Reiseführern und Büchern eingehend beschrieben, doch die Welt unter Wasser bleibt für die Besucher meist ein Geheimnis. Der Teufelstisch reicht bis auf wenige Meter unter die Wasseroberfläche und ist vom Bodensee-Rundweg bei Wallhausen aus gut im See am Seezeichen 22 erkennbar. Er lässt erahnen, dass es unter Wasser eine ganz eigene faszinierende Welt zu erleben gibt.

Der Teufelstisch ist eine Felssäule im See, die wie eine Art Nadel vom Grund aufragt. 90 Meter tief fallen die Wände fast senkrecht ab, ein Gesteinssattel in rund 30 Metern Tiefe ist die einzige geologische Verbindung zum Bodanrück-Sockel. Kurz unter der Wasseroberfläche endet die Felssäule in einer flachen Platte, die rund 22 Meter lang und zehn Meter breit ist und dem Teufel somit gut als Esstisch dienen könnte! Nur in Jahren, in denen der Wasserstand des Sees sehr niedrig ist, erreicht diese Felsplatte als Insel die Wasseroberfläche.

Vor allem Taucher zieht die Felsnadel mit ihren Steilwänden magisch an. Nach einigen Todesfällen ist das Tauchen am Teufelstisch jedoch generell verboten und nur mit Ausnahmegenehmigung für Experten erlaubt. Wie es genau an der Felswand in großer Tiefe unter Wasser aussieht, darüber kursieren zahlreiche Wahrheiten und Halbwahrheiten. Was auch immer davon stimmen mag, der Teufelstisch ist ein Naturwunder, dessen Geheimnisse vielleicht niemals ganz vom Menschen gelüftet werden.

Adresse D-78465 Konstanz-Wallhausen | **Anfahrt** A 81 bis Kreuz Hegau, dann über die B 33 Richtung Konstanz, kurz vor Konstanz über die L 220 nach Wallhausen am Überlinger See fahren und dort parken; zu Fuß am Seeufer Richtung Bodman / Marien-schlucht, nach etwa einem Kilometer beim Seezeichen 22 befindet sich der Teufelstisch | **Tipp** Bei Niedrigwasser bieten verschiedene Schifffahrtslinien Sonderfahrten an. Der Weg bis zum unteren Eingang der berühmten Marienschlucht zählt zu den schönsten Passagen des Bodensee-Rundwanderwegs und bietet Aussicht auf den Teufelstisch.

52 Die Lengwiler Weiher
Tierisches Multikulti

Rekordverdächtig: Unglaubliche 7.822 Kilometer legte eine junge Fluss-Seeschwalbe vom Lengwiler Weiher bei Kreuzlingen bis zu ihrem Winterdomizil in Swakopmund, Namibia, Afrika zurück! Selbst für die Langstreckenzieher unter den Zugvögeln ist das eine ganz schön weite Strecke! 2008 wurde besagte Rekordhalterin von Mitarbeitern des Pro Natura Thurgau am Lengwiler Weiher beringt, ihr wurde also eine Art Reisepass ausgestellt. Auf diese Weise konnte die Herkunft des eleganten Vögleins mit dem gegabelten Schwanz von den Ornithologen in Namibia sicher und schnell bestimmt werden.

Die Fluss-Seeschwalben brüten jedes Jahr von Mai bis August zu Dutzenden auf den Brutflößen im Großweiher, einem der drei künstlich angelegten Weiher um Lengwil unweit von Kreuzlingen. Die Kreuzlinger und die Reichenauer Mönche legten die Gewässer im frühen Mittelalter an und züchteten Karpfen darin. Nachdem die Teiche im 20. Jahrhundert als Wasserspeicher für eine Mühle ausgedient hatten, sollten sie eigentlich als Abfallgrube genutzt werden, was Schweizer Naturschützer glücklicherweise verhinderten.

Das idyllische, vielgestaltige Naturschutzgebiet rund um Groß-, Pfaffen- und Neuweiher mit seinen von Bachläufen durchzogenen Wäldern, den flachen Mooren und feuchten Wiesen ist heute unverzichtbarer Lebensraum für zahlreiche Tiere und Pflanzen und großräumiges Naherholungsgebiet. Neben den seltenen Flusssee-Schwalben, die am Lengwiler Weiher die zweitgrößte Brutkolonie der Schweiz bilden, kommen hier auch die in der Schweiz vom Aussterben bedrohten Sibirischen Winterlibellen und die Gemeinen Winterlibellen vor. Sie leben auch dann noch im Schutzgebiet um die Weiher, wenn winterlicher Raureif und Schnee die Bäume und Sträucher bedecken und die Landschaft märchenhaft wirkt. Die Winterlibellen sind nämlich die Einzigen ihrer Art, die die kalte Jahreszeit als voll entwickelte Tiere überstehen.

Adresse südöstlich von CH-8280 Kreuzlingen | **ÖPNV** die Weiher befinden sich nahe des Bahnhofes Lengwil, mit der S 14 Konstanz / Weinfelden bis zum Bahnhof Lengwil fahren, zu Fuß an den Öltanks vorbei zu den Weihern laufen | **Anfahrt** in Kreuzlingen über die Hauptstraße 13 Richtung Romanshorn, in Bottighofen Richtung Lengwilerstrasse abbiegen, vor Lengwil rechts auf die Kreuzlingerstraße, gegenüber dem Aussiedlerhof links in die Industriestraße einbiegen, unter den Schienen hindurchfahren und beim Tanklager Lengwil parken | **Tipp** Lebendiges Klassenzimmer: Mitten im Naturschutz-gebiet liegt eine Pro-Natura-Hütte, die als Ausgangsbasis für Exkursionen und Umwelt-bildungsangebote dient (www.pronatura-tg.ch).

53__Die Wollschweininsel

Schwein gehabt

Im Winter wird hier ordentlich die Sau rausgelassen. Dann tummelt sich eine Schar borstiger Kerle auf dem Eiland am Kreuzlinger Yachthafen und sorgt dafür, dass kein Gras mehr wächst. Besser gesagt keine Hecken, Sträucher, Büsche und Bäume. Denn die Wollschweine, die im Winter auf die kleine Insel getrieben werden, sollen dort die Landschaft offen halten: Die robusten Tiere sorgen beim Suhlen, Wühlen und Fressen dafür, dass die nach ihnen benannte Wollschweininsel nicht zuwächst und die Weiher erhalten bleiben. Wichtig ist das vor allem für unzählige Wasservögel, die das kleine, unbebaute Atoll im Bodensee als Brut-, Rast- und Lebensraum nutzen. Außerdem pflanzen sich dort jede Menge Molche, Kröten, Frösche und andere Lurche fort und machen die Insel zum Amphibienlaichgebiet von nationaler Bedeutung. Alles dank der saumäßigen Unterstützung der zutraulichen Vierfüßer! Und ihrer Helfer: Hochlandrinder und Wasserbüffel halten in der heißen Jahreszeit die Vegetation kurz.

Während im Sommer die Wollschweininsel aufgrund des hohen Wasserstands des Bodensees nicht begehbar und im Frühling mit Rücksicht auf die brütenden Vögel der Besuch nicht erlaubt ist, kann man im Winter zwischen Dezember und Februar die Wollschweine besuchen. Die restliche Zeit des Jahres bietet ein Beobachtungsturm Einblicke in den artenreichen Open-Air-Schweinestall.

Ursprünglich stammt die als anspruchslos und robust geltende Rasse aus Ungarn, wo die Mangalitza-Schweine lange Zeit von Schweinehirten durch die Puszta getrieben wurden. Heute werden die Tiere auch hierzulande wieder vermehrt als Landschaftspfleger eingesetzt. Ihren Namen »Wollschweine« verdanken sie übrigens ihrer für Schweine untypischen Frisur mit Unterwolle und lockigen Borsten. Die Wollschweininsel ist nicht natürlichen Ursprungs, sie wurde 1986 beim Bau des Hafens aus dem Material des Aushubs aufgeschüttet.

Adresse CH-8280 Kreuzlingen | **Anfahrt** aus der Schweiz über die A 7, aus Deutschland A 81 bis Kreuz Hegau, weiter über die B 33 nach Konstanz, dort die Grenze in die Schweiz passieren und nach Kreuzlingen fahren, die Insel liegt beim Yachthafen und wird vom Seeburgpark umgeben (Parkplatz beim Restaurant Alti Badi unweit des Yachthafens) | **Tipp** Im Seeburgpark gibt es das Seemuseum, das in der ehemaligen Kornschütte des Schlosses Seeburg beheimatet ist. Das Schloss selbst ging 1958 in den Besitz der Stadt über, gemeinsam mit dem weitläufigen Park. Es wird heute als Restaurant und teils als Institut der Universität Konstanz genutzt.

54__Die Schussenmündung

Ende Gelände

62 Kilometer legt sie zurück, bevor sie im Eriskircher Ried nahe Langenargen in den Bodensee mündet: die Schussen. Es ist nicht das Wasser selbst, und es sind auch nicht die Hechte, Rotfedern und Schleien im Fluss, die die Schussen zur natürlichen Sehenswürdigkeit machen. Es ist vor allem die reizvolle Landschaft rund um das Mündungsdelta mit seiner vielfältigen Tier- und Pflanzenwelt.

Urwüchsige Auwälder säumen den Fluss, Pirole und Gelbspötter zwitschern zwischen den Silberweiden, Pappeln und Erlen. Laut rufend und kopfschüttelnd schwimmen zwei Haubentaucher aufeinander zu, sie balzen im Frühjahr am Unterlauf des Flusses. Bunt schimmernde Eisvögel finden in den vom Fluss geschaffenen Uferabbrüchen Bruthöhlen.

So viel Natur pur hätte man sich um die dicht besiedelte Bodenseemetropole Friedrichshafen vor einem Besuch kaum vorstellen können. Und doch ist das 1939 unter Schutz gestellte, 552 Hektar große Eriskircher Ried, dessen südöstlicher Teil von der Schussen und ihren Lebensräumen geprägt wird, das größte und bedeutendste Naturschutzgebiet am nördlichen Obersee.

Bis Mitte des 19. Jahrhunderts wand sich die im oberschwäbischen Bad Schussenried entspringende Schussen noch unzählige Male, bevor sie sich bei Langenargen in den Bodensee ergoss. Sie wurde jedoch begradigt. Heute sind aus den abgetrennten Mäandern Stillgewässer entstanden, die für Vögel, Fische und unzählige Wasserinsekten einen wertvollen Lebensraum bilden.

Auch wenn die Natur rund um das Mündungsdelta der Schussen wild sein darf, nach dem Rechten gesehen werden muss in dem geschützten Gebiet dennoch. Und sei es nur, um die willkommenen Besucher auf ausgeschilderten Wegen durchs Naturparadies zu führen. Die Mitarbeiter des Naturschutzzentrums Eriskirch betreuen das Areal und kümmern sich um Besucherlenkung, Öffentlichkeitsarbeit und die fachkundige Pflege des Rieds.

Adresse bei D-88085 Langenargen | **Anfahrt** von der B 31 bei Abfahrt Langenargen abfahren und den Schildern Richtung Zentrum folgen, am Seeufer rechts auf der Unteren Seestraße Richtung Strandbad fahren, das Bad passieren und auf der Schwedi bis zum Hotel und Gasthaus Schwedi fahren, von dort führt ein Weg entlang des Unterlaufs der Schussen über eine Holzbrücke | **Tipp** Das Hotel/Restaurant Schwedi, Schwedi 1 in Langenargen, liegt direkt bei der Schussenmündung und bietet neben Übernachtungs-möglichkeiten in ruhiger Lage mit einmaliger Aussicht tolle Speisen rund um Felchen, Aal, Kretzer und Co. (www.hotel-schwedi.de).

55 Der Quelltuff von Lingenau

Wie aus Wasser Stein wird

Es braucht keine Reise in die Türkei, um so einzigartige Kalksinter-gebilde wie in Pamukkale in der Nähe der antiken Stadt Hierapolis zu sehen. Im Bregenzer Wald bei Lingenau in Vorarlberg befindet sich nur ein paar Kilometer vom Bodensee entfernt eine der großartigs-ten Kalksinterbildungen nördlich der Alpen. Sie kann zwar, was die Mächtigkeit des Quelltuffs angeht, nicht ganz mit den bis zu Dut-zenden Metern hohen weißen, als UNESCO-Weltkulturerbe ausge-wiesenen türkischen Terrassen mithalten, gehört aber dennoch zu den herausragenden geologischen Erscheinungen im weiteren Umkreis.

Am Naturdenkmal bei Lingenau fließen die Quellgerinne der Subersach über etwa 40 Meter hohes Nagelfluhgestein ins Bachbett des Zuflusses der Bregenzer Ache und fällen dabei Kalk aus: Über dem Molassegestein lagert mächtiger eiszeitlicher Schotter. Das Wasser durchfließt diesen Schotter, nimmt Kalk auf und bildet beim Austritt aus den zungenförmigen Enden der Lingenauer Schotter-terrasse Kalksinter. Starknerv- und Schönastmoose sowie Blaualgen tragen das ihrige hierzu bei, denn sie entziehen dem Wasser Kohl-ensäure, sodass noch mehr Kalk ausgefällt wird, der sich dann als Quelltuff ablagert. Dieser Quelltuff überzieht mittlerweile meter-dick als honiggelbes bis rostrotes Gestein den steilen Nagelfluhhang und fasziniert Geologen wie Naturbegeisterte gleichermaßen.

Seit 1998 sind die eigentümlichen Steingebilde als Naturdenk-mal ausgewiesen. Zuvor wurden sie bis Mitte des 20. Jahrhunderts hinein stellenweise abgebaut, denn der leichte, etwas poröse und gut zu bearbeitende Kalksinter ist ein sehr begehrter Baustoff. Man braucht denn auch gar nicht lange zu grübeln, wofür er verwendet wurde: Die St.-Anna-Kapelle, der Ausgangspunkt des Spazierwe-ges (mit Schautafeln) zum Quelltuff im Subersachtal, ist ebenso wie die Pfarrkirche von Lingenau aus Quelltuffstein erbaut.

Adresse südwestlich von A-6951 Lingenau | **Anfahrt** über die A 14 (gebührenpflichtig!) bis zur Abfahrt Dornbirn / Nord fahren, weiter auf der B 200 Richtung Alberschwende / Bregenzer Wald, bei Müselbach auf die B 205 nach Lingenau wechseln, westlich des Ortszentrums am Hallenbad parken und zurück zur Hauptstraße bei der St.-Anna-Kapelle gehen (ab dort ausgeschildert) | **Tipp** Am Ortseingang von Lingenau befindet sich der Bregenzerwälder Käsekeller, der Alp- und Bergkäse aus silofreier Rohmilch von verschiedenen regionalen Sennereien reift und pflegt. Im Direktverkauf werden die regionalen Köstlichkeiten zum Verkauf und Verzehr angeboten (www.kaesestrasse.at).

56__Der Pfänder

Wo Adler auf Löwen hinabblicken

1.064 Meter hoch türmt sich der Pfänder als Teil der Allgäuer Alpen hinter Bregenz auf. Als Hausberg der österreichischen Seemetropole ist er eine der beliebtesten Touristenattraktionen am Bodensee, der unverwechselbare Blick von seinem Gipfel lockt Besucher aus aller Welt hierher. Die meisten davon wählen die bequeme Anreise mit der Panoramagondel, für waschechte Bregenzer kommt das nicht in Frage. Manche von ihnen – so sagt man – wählen als all-morgendlichen Frühsport eine Wanderung oder eine Radtour auf den steinernen Riesen und retour, um dann entspannt in den ge-schäftigen Alltag zu starten.

Oben angekommen – egal, wie –, hat der Besucher bei klarer Sicht eine wunderschöne Aussicht auf die Bodenseeregion, die sich wie eine Spielzeuglandschaft vor ihm ausbreitet. Der neue Leuchtturm und der steinerne Löwe der Lindauer Hafeneinfahrt können mit bloßem Auge erkannt werden. Ganz im Hintergrund liegen trübe die Ausläufer des Schwarzwaldes. Wer gut im Zählen ist, der wird auf satte 240 Alpengipfel kommen, die man von hier oben sehen kann. Obwohl man vermutlich nicht alleine diese sagenhafte Aus-sicht genießt, findet sich doch immer ein ruhiges Plätzchen abseits der gut besuchten Wirtshäuser, um den berühmten Ausblick auf sich wirken zu lassen.

Unweit der Bergstation der Pfänderbahn suhlen sich Wildschwei-ne, röhren Rothirsche und kraxeln Steinböcke in den weitläufigen Gehegen des Alpenwildparks Pfänder. Die beliebten Murmeltiere im hinteren Parkgehege grüßen nicht täglich, denn von Oktober bis März verkriechen sie sich in ihr verzweigtes Höhlensystem und hal-ten Winterschlaf. Der Rundweg durch den sechs Hektar großen Park führt zur Adlerwarte, von wo aus Rotmilan Felix und seine Greifvogelkollegen in die Aufwinde des Pfänderhanges starten und ihre teils atemberaubend akrobatisch erscheinenden Runden dre-hen.

Adresse A-6911 Lochau | **ÖPNV** von der Talstation Bregenz (Schillerstraße) aus mit der Pfänderbahn bis zur Bergstation | **Öffnungszeiten** Der Alpenwildpark Pfänder ist ganzjährig tagsüber geöffnet. | **Tipp** Der Josef-Rupp-Käsewanderweg führt von der Bergstation Pfänder aus in das Handwerk des Käsemachens ein. Teilweise ist der Weg als Lehrpfad gestaltet, Sennereibesichtigungen und Verkaufsläden am Weg ergänzen das Angebot (Flyer zum Käsewanderweg über www.eichenberg-bodensee.at).

57 — Die Gehrenberg-Rutsche

Zeugnis des großen Bebens

Am 16. November 1911 zitterte die Erde in Süddeutschland, und zwar gewaltig. Der Herd des Erdbebens lag in rund zehn Kilometern Tiefe auf der Schwäbischen Alb bei Albstadt, einer der bis heute aktivsten Erdbebenregionen Mitteleuropas nördlich der Alpen. Es war halb elf Uhr abends, als im 60 Kilometer Luftlinie entfernten Konstanz die vier Meter hohe steinerne Kreuzblume des Münsterturms in den Münstergarten fiel, so gewaltig rumorte es im Untergrund. Der Sachschaden in ganz Süddeutschland war immens. Doch nicht nur Häuser und Türme wackelten, bekamen Risse und stürzten ein, auch der 754 Meter hohe Gehrenberg bei Markdorf im Linzgau geriet ins Rutschen. Unterhalb des Fuchsbühls glitt ein Teil des Berges in die Tiefe und hinterließ eine bis heute weithin sichtbare Wunde in der Landschaft, die sogenannte Gehrenberg-Rutsche.

An die 100 Meter breit ist die Abbruchkante, die sich immer weiter in die Wiese oberhalb frisst und die Rutsche nicht zur Ruhe kommen lässt. Steht man an der schroffen Kante, eröffnet sich ein toller Blick auf den Bodensee. Viel getan hat sich an der fast 30 Meter senkrecht abfallenden Abbruchkante in den letzten 100 Jahren offensichtlich nicht. Keine Sicherung, keine Aufschüttung, keine eingeleitete Berg-Reparatur. Die Natur repariert hier auf ihre Weise. Mittlerweile ist unterhalb der Abbruchkante ein nahezu unberührtes, wildwüchsiges Biotop entstanden. Ein paar waghalsige Mountainbiker schlittern ein paar Meter abseits den herausfordernden Hang in einem Affenzahn hinunter, ansonsten hat der Mensch hier nicht mehr viel zu melden.

So tief, wie der Hang an der Rutsche hinunterfällt, so hoch erhebt sich ein paar hundert Meter weiter vorne der Gehrenbergturm über dem Bergplateau. Der stählerne Aussichtsturm beschert Besuchern einen grandiosen Rundumblick über den Bodensee, die Gipfel der Alpen und den benachbarten Höchsten.

Adresse bei D-88677 Markdorf, 300 Meter westlich des Gehrenbergturms | **Anfahrt** über die B 33 Meersburg/Ravensburg, in der Stadt auf der K 7750 Richtung Roggenbeuren/ Deggenhausertal fahren, das Wirtshaus am Gehrenberg passieren, ein Stück weiter bergauf befindet sich ein Wanderparkplatz links der Straße, vom Aussichtsturm dann am Waldrand in westlicher Richtung circa 300 Meter wandern | **Tipp** Rund um Markdorf gibt es ausgezeichnete Wanderrouten in allen Längen und für alle Ansprüche. Die »Bodensee LandGänge« etwa sind Premiumwanderrouten, die durch den Deutschen Wanderverein ausgezeichnet wurden (www.bodensee-landgaenge.de).

58 Das Hepbacher-Leimbacher Ried

Wo es summt und brummt

Hier am Aussichtspunkt »Hutwiesen« im Hepbacher-Leimbacher Ried darf ein Fernglas nicht fehlen. Störche staksen durch die artenreichen Streuwiesen, im Hintergrund ruft ein Kuckuck, ein an seiner Holle gut erkennbarer Kiebitz mit breiten, paddelförmigen Flügeln ist auf der Suche nach Insekten. Lange muss er dabei nicht auf sein Futter warten, denn in den Resten des ehemaligen Niedermoorkomplexes, die seit 1983 unter Natur- und Landschaftsschutz stehen, kommen über 40 Libellenarten und etliche weitere Kerbtiere vor. In der schilfgedeckten Beobachtungshütte beim Aussichtspunkt lässt es sich gut aushalten und mit dem Fernglas das Schwirren, Singen, Suchen und Stolzieren der teils seltenen Tierarten beobachten.

Informationstafeln erklären das Ried, seine Bewohner, seine Entstehung und Nutzung. Mehrere Wanderrouten und ein Naturlehrpfad führen durch das Gelände, das damit als Naherholungsgebiet mit Bildungsaspekt und als Naturerlebnisdestination für die Besucher aufgewertet wurde.

Die bis zu zehn Meter dicke Torfschicht, die sich nach dem Abschmelzen des eiszeitlichen Gletschers aus den Schmelzwasserseen bildete, wurde noch bis zum Zweiten Weltkrieg oft von Hand abgebaut. Während und nach dem Krieg wurden Teile des Rieds militärisch genutzt, heute hat sich das Areal zu einer vielfältigen und lebendigen Kulturlandschaft entwickelt. Die Schilfbereiche, Streuwiesen, Hochstaudenriede und die verlandeten Weiher sind wertvolle Lebensräume für die einmalige Niedermoorflora mit Gelber Sumpfschwertlilie, Echter Sumpfwurz und Großem Wiesenknopf. Den Tieren dienen sie als Rast- und Brutstätte oder Nahrungsraum. Daneben hat das Ried auch eine Funktion für uns Menschen: Es dient als Retentionsfläche und schützt die umliegenden Gemeinden damit vor Hochwasser.

Adresse südöstlich von D-88677 Markdorf | **Anfahrt** Über die B 33 Meersburg/ Ravensburg. Es gibt mehrere Parkmöglichkeiten rund um das Ried. Eine ist der Parkplatz am Franzenberg an der K 7742 zwischen Markdorf und Raderach. Von hier können der Rundweg Nummer 9 und der Naturlehrpfad begangen werden. | **Tipp** Der Naturlehrpfad liegt nahe der Mülldeponie Weiherberg, die unter dem Aspekt Technischer Umweltschutz bei einer Führung Einblicke in die moderne Abfallentsorgung gewährt (Abfallwirtschafts-amt Bodenseekreis, Tel. 07541/2045386).

59 Das Felsentäle
Fernweh für Daheimgebliebene

Das wohl bekannteste Riff unserer Zeit ist das Great Barrier Reef vor der Ostküste Australiens mit seiner kunterbunten Fisch- und Korallenwelt, das bei vielen Fernweh und Urlaubswünsche weckt. Vor rund 140 Millionen Jahren im Zeitalter des Jura hätte man so weit gar nicht fahren müssen, um ein Unterwasserparadies dieses Ausmaßes erleben zu können. Denn in den Flachwasserzonen des damaligen Jurameeres, das weite Teile Süddeutschlands bedeckte, lebten ebenfalls Korallen, Schwämme und andere Organismen wie etwa Moostierchen. Sie bauten in dem warmen subtropischen Meer in Ufernähe ein Kalkriff auf, von dem noch heute, Jahrmillionen später, Teile im Felsentäle bei Meßkirch bestaunt werden können – wenngleich die subtropische Ur-Tierwelt und auch das badewannen-warme Wasser längst gewichen sind.

Das kleine, idyllische Felsental verdankt seinen Namen den dort zutage tretenden mächtigen Kalkriffen des Jurameeres. Bizarre Fels-bildungen, Felshöhlen und Naturbrücken prägen das als Natur-denkmal geschützte Tal, in dem nur während der Schneeschmelze und bei starken Regenfällen der Talbach fließt. Dann rauscht das Wasser durch die Höhlen und zwischen den Felsblöcken hindurch. Im restlichen Jahr versickert der Bach nördlich des Tals, dann kann man im Bachbett zwischen den Jahrmillionen alten Felsungetümen klettern und kraxeln, was nicht nur für Kinder ein Spaß ist! Das Fel-sentäle wurde vom Schmelzwasserabfluss eines Gletschers nach der letzten Eiszeit geschaffen. Das Wasser hat sich so tief in die durch die Gletscher der Riß-Eiszeit abgelagerten oberen Gesteinsschich-ten eingegraben, dass die bizarren Felsformationen aus Kalk ent-standen.

Trotz Beschilderung von Menningen aus ist das Naturdenkmal – selbst für den ein oder anderen alteingesessenen Meßkircher – nicht ganz einfach zu finden. Auch das macht sicherlich einen Teil des Reizes dieses natürlichen Kleinods aus!

Adresse D-88605 Meßkirch-Igelswies | **Anfahrt** über die B 14/B 311 nach Meßkirch
fahren, weiter über Igelswies Richtung Menningen auf der K 8221 fahren, im Ortskern
Menningen links dem Fahrradweg und dann der Beschilderung Felsentäle folgen, am
Waldrand parken und über Wiesen zum (versteckt) ausgeschilderten Weg zum Felsentäle
laufen | **Tipp** Auf dem Campus Galli in Meßkirch wird der Idealplan eines Klosters nach
dem berühmten Klosterplan von St. Gallen mit den technischen Möglichkeiten des
9. Jahrhunderts umgesetzt. 40 Jahre soll es dauern, solange haben Besucher die Möglich-
keit, den Arbeitern auf der Klosterstadt-Baustelle über die Schulter zu schauen
(www.campus-galli.de).

60__Der Walderlebnispfad
Inspirierendes Naturerlebnis

Hermann Hesse hat den Walderlebnispfad im Sägetobel im österreichischen Möggers nie besucht. Seine Gedanken zu Bäumen als Wissende um das Gesetz des Lebens passen trotzdem hervorragend in die mit Buchenwald bewachsene Schlucht. Liebevoll ist auf einer großen Holztafel dort mitten im Wald der in Calw geborene Literaturnobelpreisträger zitiert, und nicht nur er, auch andere Literaten und Denker inspirieren den Besucher mit ihren Worten und lassen ihn die Alltagsprobleme vergessen. Trotz der Waldweisheiten hat der abwechslungsreiche, harmonisch in die Natur eingebettete Erlebnispfad nichts übertrieben Spirituelles. Vielleicht liegt es ja daran, dass die Strecke durch den Sägetobel den Wanderer durchaus körperlich fordert und so die Bodenhaftung nicht verlieren lässt. Obwohl: Beim Seilschwingen, Hängebrückenüberqueren und beim (gesicherten) Balancieren über teils glitschige Stege ist der Waldboden oft überraschend fern! Die hohen Wasserfälle, die über steile Abgründe in die Tiefe stürzen, gaben der Schlucht indirekt ihren Namen. Denn die Kraft der Kaskaden betrieb einst eine Säge tief in der Schlucht. Die Säge ist längst zerfallen, geblieben ist aber der Name Sägetobel.

Der erlebnisreiche Rundweg durch den Wald dauert zwischen eineinhalb und drei Stunden, je nachdem, wie lange man sich beim Ausruhen in den einladenden Hängematten mitten im Grün Zeit lässt, und je nachdem, ob man den 30-minütigen Inspirationsrundweg noch mitmacht.

Möggers liegt an der österreichisch-deutschen Grenze, nur ein paar Kilometer entfernt vom deutschen Scheidegg. Ja richtig, auch dort gibt es etwas zu erleben in Sachen Bäume: den Skywalk Allgäu. Die beiden Attraktionen so dicht beieinander zeigen, dass das Kapital dieser Landschaft die Wälder sind. Der Walderlebnispfad Möggers ist allerdings eine Spur kleiner, heimeliger und weniger kommerziell als sein hoher Bruder.

Adresse Ausgangspunkt Schönsteinhof, Schönstein 58b, A-6900 Möggers | **Anfahrt** auf der B 308 Richtung Immenstadt, bei Hohenweiler in die L 1 Richtung Lochau einbiegen und bis Leutenhofen fahren, hier links in die L 9 fahren und die Serpentinen bis Rucksteig hinter sich bringen, oben dann wie ausgeschildert links zum Parkplatz am Schönsteinhof fahren | **Tipp** Am Schönsteinhof, dem Ausgangspunkt des Rundweges, gibt es einen Imbiss und einen absolut tollen Spielplatz für Kinder – ohne pädagogisch durchdachtes Klettergerüst und TÜV-geprüfte Schaukel, sondern einfach ein alter, rostiger Traktor, der zum Spielen da ist.

61 Das Delta der Radolfzeller Aach

Hochburg des Vogeltourismus

Ob Frühjahr, Sommer, Herbst oder Winter – das ganze Jahr über ist der Bodensee ein international bedeutsamer Lebensraum für Wasservögel. Ganz besonders am Untersee mit seinen ausgedehnten Flachwasserzonen tummeln sich viele, teils auch sehr seltene Vögel. Wer geübt ist im Vogelbeobachten, ein gutes Fernglas besitzt und auch ein wenig Glück mitbringt, der kann dort im Herbst schon mal bis zu 100 verschiedene Arten an nur einem Tag erleben!

Ein ganz besonderes Eldorado für die Vogelwelt ist das Delta der Radolfzeller Aach, die zwischen Moos und Radolfzell in den Zellersee mündet. Auf seinen letzten sechs Kilometern schlängelt sich der Fluss ungezwungen durch die unbebaute, als Naturschutzgebiet ausgewiesene Uferzone, die von einem breiten Gürtel aus Schilfröhricht gesäumt wird. Dieser ist für Menschen tabu und bietet damit einen unersetzlichen störungsfreien Rückzugsort für die Vogelwelt. Im Frühjahr und Herbst machen viele Zugvögel Rast im Mündungsdelta und sammeln neue Reserven für ihren Weiterflug gen Süden. Zur Brutzeit kommen Zwerg- und Schwarzhalstaucher, Schnatter-, Knäk-, Tafel- und Kolbenenten, Wasserrallen, Kiebitze und viele mehr. Im Spätherbst herrscht Hochkonjunktur in Sachen Vogeltourismus, dann treffen weit gereiste Wintergäste wie Reiherenten aus Sibirien oder Kormorane aus Finnland zum Überwintern ein.

Geduld muss man zum Vögelbeobachten auf jeden Fall mitbringen – zu welcher Jahreszeit auch immer. Damit die Tiere nicht unnötig unter Stress geraten, gibt es nur wenige Zugänge in das Naturschutzgebiet, die eine Vogelbeobachtung aus der Nähe möglich machen. Ein Beobachtungssteg am Yachthafen in Moos gewährt einen kleinen Einblick in das dynamische Flussdelta, der NABU bietet spezielle Führungen durch die Uferlandschaft an.

Adresse am Ried zwischen D-78345 Moos, D-78315 Radolfzell und D-78224 Überlingen |
Anfahrt A 81 bis Kreuz Hegau, den Schildern nach Moos folgen (Parkplatz am Hafen).
Einblicke in Fauna und Flora der Aachmündung hat man auch von der Aachbrücke an der
L 192 auf dem Weg zwischen Radolfzell und Moos. | **Tipp** Jedes Jahr Anfang Januar finden
in Radolfzell die »Naturschutztage am Bodensee« statt, eine viertägige Fachveranstaltung
mit Vorträgen, Ausstellungen und Exkursionen rund um aktuelle Naturschutzthemen. Eine
Anmeldung ist erforderlich (www.naturschutztage.de). Informationen zur »Vogelwelt am
Untersee« gibt es bei den Touristeninformationen oder bei den Naturschutzzentren.

62__Die Höri-Bülle
Mehr als eine Zwiebel

Wer keine Zwiebeln mag, der ist auf dem Büllefest in Moos auf der Halbinsel Höri fehl am Platz. Am ersten Oktoberwochenende dreht sich dort nämlich traditionell alles um das zart-scharfe Liliengewächs, die Höri-Bülle. Die charakteristische rote Speisezwiebel mit dem milden Aroma wird dann in Form von langen Zwiebelzöpfen, in Suppen, Broten, Wurstsalaten oder als bekannte Bülle-Dünne (einer Art speziellem Fladenbrot mit Zwiebel-Rahm-Belag) angeboten und ist Mittelpunkt des überregional bekannten Marktes.

Die Höri-Bülle wird ausschließlich auf der Halbinsel Höri am Bodensee in mühevoller Handarbeit angebaut. Die Nachzucht der recht weichen rotbraunen Zwiebel mit dem typischen flachen Bauch ist anstrengend, denn die Samen können nicht in handelsüblichen Gärtnereien gekauft werden, sondern werden traditionell in jedem Anbaubetrieb selbst nachgezogen. Bei der Zwiebelernte im Herbst werden dafür die besten Büllen aussortiert und im März des darauffolgenden Jahren gesteckt. Im Sommer werden dann die noch grünen Blütendolden abgeschnitten, getrocknet und die Samen ausgerieben. Eine übers Jahr gesehen sehr zeit- und arbeitsintensive Angelegenheit, die heutzutage wohl nicht mehr jedermanns Sache ist, denn der Anbau der ortstypischen Zwiebel ging mit den Jahren um mehr als die Hälfte zurück.

Um die für die Region identitätsstiftende Höri-Bülle langfristig zu erhalten, wurden deshalb ganz besondere Schutzmaßnahmen ergriffen. Von der Slow-Food-Initiative wurde das Lauchgewächs in das Projekt »Arche des Geschmacks« aufgenommen. Und auch die EU hat die Zwiebel 2014 nach langem Warten der örtlichen Antragsteller in die Liste der Produkte mit geschützten Ursprungsbezeichnungen aufgenommen. Einfacher wird der Anbau des Naturproduktes dadurch natürlich nicht, aber die Maßnahmen sollen helfen, den Mehraufwand durch neue Vermarktungsmöglichkeiten zu honorieren!

Adresse in und um D-78345 Moos | **Anfahrt** A 81 bis Autobahnkreuz Hegau, weiter auf der B 33 Richtung Radolfzell/Konstanz, bei der Ausfahrt Singen/Steißlingen/Moos auf die B 34 Richtung Moos abbiegen, über die L 220 und L 192 bis Moos fahren | **Tipp** Das Büllefest findet am ersten Oktoberwochenende abwechselnd in den Mooser Ortsteilen Moos, Iznang, Bankholzen und Weiler statt. Genaue Termine finden sich unter www.moos.de.

63__Der Solarturm

Hier kann man Sonne tanken

Aus Stroh Gold zu spinnen ist fast genauso umweltfreundlich wie aus Sonnenstrahlen Energie zu erzeugen. Die natürlichen Grundlagen sind bei beidem nahezu unerschöpflich, das Endprodukt ist nahezu unersetzlich. Während Rumpelstilzchen das Geheimnis ums Goldspinnen bedauerlicherweise streng hütet, ist die Gewinnung von regenerativer Energie mittels solarer Strahlung mittlerweile Standard geworden – wenngleich sie nicht immer eine Goldgrube für die in Deutschland ansässigen Fotovoltaikproduzenten war.

Nützlich ist Solarenergie aber zweifelsohne – Energiepolitik hin oder her. Ob für die Einspeisung ins Stromnetz, zum Heizen und zur Warmwasserherstellung privater Haushalte oder um die Elektroboote auf dem Bodensee mit regenerativem »Treibstoff« zu versorgen. Im Hafen von Moos auf der Höri steht eine »solare Tankstelle«: Mittels Sonnenstrahlung und elf Solarmodulen wird hier Energie erzeugt, mit der die Boote auf dem See angetrieben werden. Gleichzeitig ist der markante Tankstellenturm zum Wahrzeichen der Gemeinde geworden. 18 Meter misst er, aus Edelstahl wurde er errichtet und überragt bei Weitem die Masten der meisten Segelboote des nahe liegenden Segelclubs. Dennoch fügt er sich mit seinem segelähnlichen Design unaufdringlich ins bestehende Landschaftsbild des Hafens ein.

Pro Jahr liefert der Solarturm bei einer Nennleistung von 1,2 Kilowatt rund 900 Kilowattstunden Strom und ist damit das wahrscheinlich einzige energiespendende Wahrzeichen einer Bodenseegemeinde. Ruth Anton hat ihn im Rahmen eines Wettbewerbs an der Fachhochschule Konstanz im Fachbereich Architektur entworfen, die Kopf AG aus Sulz-Bergfelden hat ihn hergestellt und montiert. Auch die unzähligen Vögel, die im Naturschutzgebiet Radolfzeller Aachried gleich um die Ecke rasten und ruhen, haben sich an den Turm im Hafen gewöhnt. Jedenfalls kommt von jenseits des Hafenstegs kein kritisches Geschnatter.

Adresse D-78345 Moos | **Anfahrt** A 81 bis Kreuz Hegau, weiter über die B 33, B 34 und L 220 nach Moos, am Restaurant Grüner Baum links zum Hafen / Segelclub abbiegen, der Turm befindet sich direkt am Hafen | **Tipp** Die Solarfähre Helio fährt alle Häfen am Untersee an und erzeugt selbst durch Solarmodule auf dem Dach die dafür nötige Energie. Eine Fahrt ist ein ganz besonderes Erlebnis, da der See selten so leise vom Wasser aus betrachtet werden kann.

64 Der Mägdeberg

Wo 11.000 Jungfrauen rasteten

Wem bequeme Wanderwege und einfache Trampelpfade zu langweilig sind, der kommt am Mägdeberg im Hegau auf seine Kosten. An der Westflanke des Phonolithkegels können Kraxelfreunde im Klettergarten den Berg auf ihre Art erklimmen – eine durchaus beliebte Art, den Vulkanhügel kennenzulernen, wie der rege Zustrom besonders an sonnigen Wochenenden verrät. Und das, obwohl der exponierte ehemalige Vulkanschlot seit 1984 unter Naturschutz steht. Naturschutz und -nutzung sind in diesem Fall keine Gegensätze: Die Kletterer sind offensichtlich höfliche Gäste der Flora und Fauna. Wer es doch eher konventionell mag, der folgt dem Spazierweg vom Wanderparkplatz aus zur Burgruine, die den 654 Meter hohen Berg krönt. Durch die Mauerreste der um 1240 von der Abtei Reichenau erbauten Höhenburg hat man einen einmaligen Blick auf die umliegenden Hegauberge und obendrein ein wunderschönes, stein-gerahmtes Fotomotiv als bleibende Erinnerung.

Bevor im Mittelalter die Burganlage errichtet wurde, stand auf dem Gipfel eine Kapelle. Dort wurde die heilige Ursula verehrt, die angeblich auf dem Mägdeberg zusammen mit ihren 11.000 jungfräulichen Mägden eine Rast eingelegt haben soll. Schon vor dem Christentum war jedoch auf dem Gipfel eine keltische Kultstätte, dort wurden die drei jungfräulichen Heidenmägde Ainbed, Borbed und Wilbed verehrt, die dem Berg seinen Namen verliehen. Der Kult wurde dann mit der ein oder anderen Änderung in die christliche Mythologie übernommen.

Entstanden ist der Mägdeberg wie seine Nachbarn, der Hohenkrähen oder der Hohentwiel, durch die letzte Eiszeit, als die Gletschermassen das weichere Gestein abtrugen und den harten Phonolitschlot des im Tertiär aktiven Vulkans freilegten. Das fast neun Hektar große Naturschutzgebiet wurde in den 1980er Jahren zur Erhaltung dieser landschaftsprägenden Gestalt des Berges eingerichtet.

Adresse 1 Kilometer südwestlich von D-78259 Mühlhausen-Ehingen | **Anfahrt** die
A 81 an der Ausfahrt Singen verlassen und über die L 191 bis Mühlhausen fahren, in den
Ort abbiegen und durch die Schloßstraße bis zur Duchtlinger Steig links in Richtung
Duchtlingen abbiegen, unter der L 191 hindurch und der Straße bis zum kostenlosen
Wanderparkplatz unterhalb der Burgruine folgen | **Tipp** Vom Restaurant Hegaublick –
Hegaublick 6 – in Engen hat man eine tolle Aussicht über die Hegaulandschaft mit ihren
Vulkanen. Das Restaurant ist auch ein beliebter Motorradtreff.

65_Die Johannes-Büste
536 Quadratkilometer Eis

Wie ein großes Volksfest soll es gewesen sein, als 1963 der Bodensee zum letzten Mal komplett zugefroren war. Es gab Verkaufsstände mit Würstchen und Suppe auf dem See, Freundschaften wurden zwischen Fremden geschlossen, Schokolade und Kaffee wurden aus der Schweiz nach Deutschland gebracht. Vom Schmuggel kann man dabei kaum reden – es herrschte ein Ausnahmezustand, der die politischen Grenzen aufhob und die Zollbehörden ein Auge zudrücken ließ. Schließlich ist die sogenannte Seegfrörne ein Naturschauspiel und Jahrhundertereignis, das wohl die allerwenigsten Anwohner zuvor schon einmal bewusst miterlebt hatten, denn das letzte Mal vor 1963 fror der Bodensee 1880 komplett zu.

Höhepunkt des denkwürdigen Ereignisses war die berühmte Eisprozession am 12. Februar 1963, als die spätgotische Büste des Evangelisten Johannes von Hagnau am Obersee ins gegenüberliegende schweizerische Münsterlingen über den gefrorenen See getragen wurde. Dort wird die Büste nun in der Kirche des ehemaligen Benediktinerklosters in Münsterlingen bis zur nächsten Seegfrörne aufbewahrt, um dann traditionell wieder, umrahmt von Dankgottesdiensten und in einer feierlichen Prozession, zu Fuß nach Hagnau getragen zu werden. Wann das sein wird, kann wohl keiner voraussagen. Statistisch gesehen friert der Bodensee alle 70 Jahre zu, aber aus Statistiken macht sich die Natur bekanntlich nicht viel. Und in Anbetracht des Klimawandels wird der heilige Johannes wohl auch erst einmal da bleiben, wo er ist.

Damit der Bodensee komplett zufriert, braucht es nämlich ganz bestimmte Voraussetzungen: einen niedrigen Wasserstand, kaum Wind, einen frühen Wintereinbruch und eine lange Periode arktischer Kälte mit Temperaturen im zweistelligen Minusbereich. Eine Konstellation also, die in Zukunft immer seltener vorkommen dürfte. Ein Glück für die Wasservögel: Die finden nämlich dann keine Nahrung mehr.

Adresse St.-Remigius-Kirche, Seestraße 1, CH-8596 Münsterlingen | **Anfahrt** ab
Kreuzlingen auf der Hauptstraße 13 bis Münsterlingen | **Tipp** In Hagnau am Bodenseeufer
erinnern zwei Seegfrörne-Figuren sowie eine Gedenktafel für die ersten mutigen Eisläufer
an das Naturspektakel von 1963.

S. IOANNES EVANGELISTA.

Diese Bildnis ist Año 1573 den 17 feb. als der Boden=
=see überfrören war von Münsterlingen nacher
Hagnau übertragen und dort auf das Rathaus
gesezet worden. nach 100 Iahren wurde sie bei über=
=frohrnem See wider hicher gebracht. Año 1796 aber
zur zeit des Franzosen Kriegs das 3te mal zuruck
=gestellt und renoviert von F.X. Faivre . ∞

66__Der Rheinfall

Wasser marsch!

Goethe war fasziniert und gleich dreimal da, Eduard Mörike schrieb ein Gedicht über ihn, Joachim Patinir diente er als Kulisse für sein Gemälde der Taufe Christi: Der Rheinfall bei Neuhausen im Kanton Schaffhausen ist Muse zahlreicher Künstler und Gegenstand ihrer Darstellungen.

Wundern tut's einen nicht, denn die tosenden Wassermassen des mächtigsten Wasserfalls Mitteleuropas bleiben auch Normalsterblichen eindrücklich in Erinnerung. 23 Meter tief fällt der Hochrhein auf 150 Meter breiter Front in die Tiefe und verwandelt den Alpenfluss in einen wilden, ungestümen Strom.

»Ohr und Auge wohin retten sie sich im Tumult?« Eduard Mörike wusste bei dem gewaltigen Anblick wohl kaum, wohin er zuerst schauen sollte, Johann Wolfgang von Goethe spricht in einem Brief an Friedrich Schiller von einer »ungeheuren Überraschung« und einer »gewaltsamen Erscheinung«. 600.000 Liter Wasser rauschen pro Sekunde in den Sommermonaten über die Reste der ursprünglichen Kalksteinflanke. Auf dem Felsen mitten im Rheinfall, den man per Boot erreicht, verschlägt es dem Besucher – nicht nur wegen des ohrenbetäubenden Lärms – fast die Sprache.

Für wen dieses Naturphänomen per se nicht spektakulär genug ist, für den wird der Wasserfall dramatisch in Szene gesetzt. Nachts etwa werden die Wassermassen durch ein fein abgestimmtes Lichtschauspiel illuminiert, Ende Juli findet ein gigantisches Feuerwerk über der Kulisse statt. Schmale Boote schippern Besucher durch aufpeitschende Wellen und meterhohe Gischt, im Adventure Park erhalten Abenteurer einen außergewöhnlichen Blick auf das Naturschauspiel.

Ganz besonders Mutige können sich im Sommer von der Känzeli in die Wassermassen stürzen – ein Motiv, das dem Fotografen Michael Lio 2009 für sein Bild »Der Känzelisprung« die Auszeichnung des Senders Pro7 für das spektakulärste Foto der Welt einbrachte!

Adresse CH-8212 Neuhausen am Rheinfall | **Anfahrt** auf der schweizerischen A 4 bis zur Ausfahrt Dachsen/Rheinfall, dann der Beschilderung zum Rheinfall folgen | **Tipp** Bei einem Gourmet-Abendessen am Logenplatz zu Füßen des Wasserfalls im Schlössli Wörth lässt sich das Naturschauspiel doppelt genießen (www.schloessliwoerth.ch)! Eine Tischreservierung empfiehlt sich!

NEUKIRCH-WILDPOLTSWEILER (D)

67 Der Wildpark Sonnenhalde

Mit Kind und Kegel

Ob Jung oder Alt, der Wildpark Sonnenhalde in Wildpoltsweiler zwischen Tettnang und Wangen ist ein schönes Ausflugsziel und hat für jeden etwas zu bieten. Freizeitvergnügen für die ganze Familie ist hier das Motto. 15 Hektar groß ist das Gelände des Parks, in Gehegen tummeln sich dort Dam- und Rotwild, Mufflons, Lamas, Wildschweine und mehr. Eine einfache Wanderung beziehungsweise ein Spaziergang auf den zweieinhalb Kilometern Wegstrecke durch den Park fordert die Großen, Ponyreiten geführt von Mama oder Papa befriedigt die Kleinen. Letzteres ist nicht nur für laufscheue Sprösslinge ein tolles Erlebnis, das sicher noch lange in Erinnerung bleiben wird. Wer allerdings unter der Woche den Wildpark besucht, der sollte vorher anrufen und sich ein Tier für sein Kind reservieren. An sonnigen Sonntagen findet der Verleih auch ohne Anmeldung ab zehn Uhr statt.

Pfauen schlagen ihr Rad am Wegesrand, Hasen hoppeln durchs großzügige Gehege, Frischlinge suhlen sich im Schlamm, die Tiere scheinen sich im nicht besonders großen, aber liebevoll angelegten Wildpark Sonnenhalde der Familie Späth ganz wohlzufühlen. Die Stimmung ist ruhig, das Ambiente idyllisch, gerade richtig für Familien, die den Trubel der beliebten und bekannten Freizeitattraktionen um den See eher scheuen. Die Tiere können gefüttert, gestreichelt oder einfach nur beobachtet werden, und wenn die Jüngsten dann immer noch nicht ausgepowert sind, lädt ein Spielplatz zum Austoben ein.

Bei klarem Wetter sieht man von den oberen Wegen des Parks aus ins Allgäu sowie bis nach Österreich und in die Schweiz, wo sich die Alpen imposant auftürmen. Im Vordergrund liegt der Kreuzweiher, dessen reich strukturiertes Ökosystem (ebenso wie jenes am benachbarten Langensee) seit 1973 unter Naturschutz steht.

Futtersäckchen

Da wir keinen Eintritt
verlangen, bitten wir
um Unterstützung
mit dem Kauf von
Futtersäckchen

Futtersäckchen
1,- €

Leere Futtersäckchen

Adresse Kreuzweiherstraße 11, D-88099 Neukirch-Wildpoltsweiler | **Anfahrt** A 96 bis
Wangen-West, weiter auf der L 333 Richtung Neukirch fahren, den Ort passieren und nach
circa 6 Kilometern links die L 331 nach Wildpoltsweiler nehmen, durch den Ort fahren
und am Ortsausgang beim Wildpark parken | **Tipp** Neben dem Wildparkbesuch lohnt eine
Wanderung im Naturschutzgebiet Kreuzweiher-Langensee. Um den Kreuzweiher herum
führt etwa die erste Etappe des Jubiläumswegs Bodenseekreis (www.bodenseekreis.de).

68 Müller-Thurgau und Co.

So schmeckt der Bodensee

Zu sehen gibt es bei Josef Fürst zwar auch etwas, aber mehr noch zu schmecken. Die Winzergemeinschaft aus Nonnenhorn ist eine der zahlreichen Genossenschaften (und Weingüter) vom Bodensee, die das milde Bodenseeklima, den Saft der fruchtigen Trauben und die Bodenseeerde in Form von guten Tropfen in Flaschen packen und verkaufen.

Die Grundlagen dafür sind hervorragend: Der wärmespeichernde Bodensee schafft ein gemäßigtes, fast mediterranes Klima, und eiszeitliche bis vulkanische Böden sorgen für ein einzigartiges Terroir. Der Bodensee ist seit jeher Weinregion, und zwar die südlichste und mit den Reben am Hohentwiel auch die höchste Deutschlands. Als der Seewein schlechthin gilt nach wie vor der Müller-Thurgau, der als zarter und feinfruchtiger Weißwein vom See überraschend außergewöhnlich schmeckt und damit keinem Vorurteil gerecht wird. Auch die Winzergemeinschaft Fürst hat ihn natürlich im Angebot, neben anderen Weißweinen wie Bacchus, Grauburgunder, Weißburgunder und Elbling. Im Gegensatz zu Letzterem ist Müller-Thurgau allerdings ein wahrer Jungspund: Während Elbling die älteste Rebsorte Europas ist und heute Seltenheitswert am See besitzt, wurde die Müller-Thurgau-Rebe erst 1882 in der Forschungsanstalt Geisenheim im Rheingau neu gezüchtet. Ihr Züchtvater war Hermann Müller aus dem kleinen Ort Tägerwilen im schweizerischen Kanton Thurgau, der der Rebsorte ihren Namen verlieh.

Auch rote Weine vom Bodensee sind berühmt, allen voran der Spätburgunder, dessen deutsche Wiege sogar in der Region liegt. Genauer gesagt in Bodman-Ludwigshafen. Dort, in seinem Königsweingarten, pflanzte Karl III., ein Urenkel Karls des Großen, im Jahre 884 den ersten Spätburgunder (Pinot Noir). Heute wächst die Rebsorte nicht nur am nördlichen Bodenseeufer, sondern vermehrt auch im Schaffhauser Blauburgunderland in der Schweiz, das dadurch seinen Namen erhielt.

Adresse Winzergemeinschaft Joseph Fürst, Mauthausstraße 1, D-88149 Nonnenhorn, www.fürst-weine-shop.de | **Anfahrt** B 31 bis Kressbronn, von dort auf der K 7793 Richtung Lindau den Schildern nach Nonnenhorn folgen. Die Winzergemeinschaft Joseph Fürst liegt im Ortskern und ist ausgeschildert. | **Tipp** In Tägerwilen in der Schweiz befindet sich das Geburtshaus von Hermann Müller, dem »Erfinder« und Namensgeber des Müller-Thurgau. Eine Büste vor dem Haus in der Müller-Thurgau-Straße erinnert an den Wein-Visionär.

69 Die Klingenbachschlucht
Sinnliches Tal

Immer der Nase nach – das ist im Frühjahr wohl die beste Wegbeschreibung durch die Klingenbachschlucht auf der Halbinsel Höri. Denn wenn das lichte Blätterkleid der Bäume die Sonnenstrahlen hindurchlässt, dann grünt der Bärlauch am feuchten Schlucht-Waldboden und verströmt seinen unverkennbaren Knoblauchduft. Es juckt einen schon in den Fingern, ein paar Blätter des Wildgemüses für eine herzhafte Suppe oder einen Kräuterdip mitzunehmen, doch hier ist Vorsicht geboten! Am Rande der Klingenbachschlucht treiben zur gleichen Zeit wie des Bärlauchs Blätter auch die der giftigen Herbstzeitlosen aus, und ungeübte Pflanzensammler können die beiden leicht verwechseln.

Am besten lässt man sich also vom Duft des Bärlauchs und dem Anblick der weiß blühenden Buschwindröschen betören und wandert über Holzstege und Brücken auf einem schmalen Pfad durch das jetzt noch lichtdurchflutete, steil eingeschnittene Tal des Klingenbachs. Sobald sich das Blätterdach des Waldes voll entfaltet, weicht der leuchtend grüne und blühende Waldboden, und schattige Dunkelheit, die im Sommer eine angenehme Kühle birgt, legt sich über die Schlucht.

Pilzbewachsene abgestorbene Baumstämme, die beim letzten Starkregen kreuz und quer im Bachbett verteilt wurden, sind oft die einzigen Zeugen der gewaltigen Kräfte, die der kleine Klingenbach birgt. Schließlich hat er letztlich auch die bis zu 20 Meter tief in das Hochplateau zwischen Schiener Berg und Untersee geschnittene Schlucht geschaffen. Auch heute noch sind die Erosionskräfte am Werk, vor allem wenn große Wassermassen durch das Tal rauschen und an den Flanken nagen. Dann kann der Spaziergang auf dem schmalen Pfad und den glitschigen Holzstegen zur gefährlichen Rutschpartie werden.

Der Zugang zur Schlucht ist trotz Beschilderung ein wenig verwirrend, am besten wandert man über die Klingenmühle hin.

Adresse D-78337 Öhningen | **Anfahrt** ab Autobahnkreuz Hegau den Schildern nach Moos folgen, auf der L192 bis Öhningen fahren, im Ort auf die Schiener Straße/L193 abbiegen, am Friedhof Öhningen am Ortsausgang parken, über die Döllenstraße zur Klingenmühle und dem Eingang der Schlucht wandern | **Tipp** Um den Sinnesgenuss perfekt zu machen, lohnt nach dem Spaziergang durch die Klingenbachschlucht ein Abstecher ins Kaffeestüble Kaiser. Dort gibt es selbst gemachtes Bauernhofeis aus selbst angebauten Früchten (www.kaffeestueble-kaiser.de).

70__Der Riesensalamander

Zeuge im Stein

Beschaulich und ruhig liegt Öhningen am Untersee auf der Landzunge Höri an der Schweizer Grenze. Heute erinnert nur noch wenig
an den Rummel, der einst um das Dörfchen geherrscht haben muss.
Denn vor rund 300 Jahren war Öhningen – wenigstens in paläonto-
logischen Kreisen – der angesagte Ort schlechthin, weil damals die
weltberühmten versteinerten Tiere und Pflanzen aus den Steinbrüchen am Schiener Berg geborgen und wissenschaftlich beschrieben
wurden. Über 900 Tier- und über 450 Pflanzenarten aus längst vergangener Zeit traten in den Kalkschichten zutage und hinterließen
einen tiefen Einblick in die erdgeschichtliche Vergangenheit. Im Tertiär nämlich, vor rund 13 Millionen Jahren, lagerten sich in einem
großen See Sedimente aus Kalk und Mergel ab und überdeckten auf
den Boden gesunkene tote Tiere und Pflanzen. Da keine Luft an die
eingeschlossenen Überreste gelangte, versteinerten sie. Nach dem
Ende der Kaltzeiten kamen die Fossilien an die Oberfläche. Die flei-
ßigen Benediktinermönche des Klosters Öhningen entdeckten sie
um 1500 beim Abbau von Steinen, Kalkplatten und Brennkalk.

Als ganz besonderer Fund der Öhninger Fossilien gelten die versteinerten Überreste des Andrias scheuchzeri, eines ausgestorbenen
Riesensalamanders, der rund 1,50 Meter maß und an die zwölf Kilogramm gewogen haben muss. Besonders ist dieser Fund allerdings
nicht wegen des gut erhaltenen Skeletts oder der Größe der Rie-
senechse, sondern weil sein Finder, der Zürcher Stadtarzt Johann
Jakob Scheuchzer, den Fund 1726 fälschlicherweise als Beweis für
die göttliche Sintflut sah. Für ihn waren die Überreste das »Beinge-
rüst« eines ertrunkenen Sünders.

Die Fundstellen der Fossilien nördlich von Öhningen-Wangen
stehen seit 1935 unter Naturschutz und sind nicht mehr frei zugänglich. Im rührigen Heimatmuseum Fischerhaus in Wangen können aber viele Fossilien aus den Öhninger Steinbrüchen bestaunt
werden.

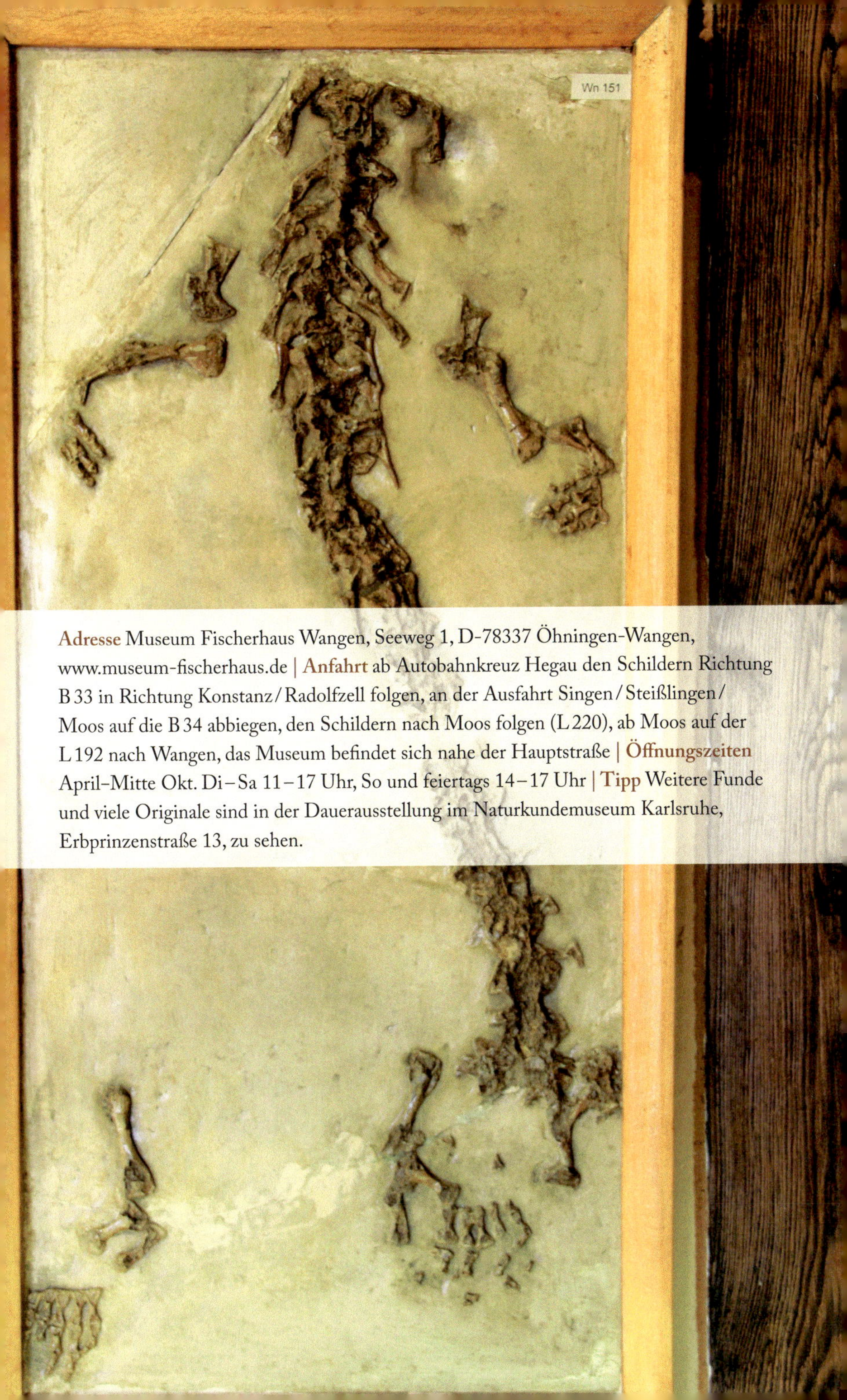

Wn 151

Adresse Museum Fischerhaus Wangen, Seeweg 1, D-78337 Öhningen-Wangen, www.museum-fischerhaus.de | **Anfahrt** ab Autobahnkreuz Hegau den Schildern Richtung B 33 in Richtung Konstanz / Radolfzell folgen, an der Ausfahrt Singen / Steißlingen / Moos auf die B 34 abbiegen, den Schildern nach Moos folgen (L 220), ab Moos auf der L 192 nach Wangen, das Museum befindet sich nahe der Hauptstraße | **Öffnungszeiten** April–Mitte Okt. Di – Sa 11 – 17 Uhr, So und feiertags 14 – 17 Uhr | **Tipp** Weitere Funde und viele Originale sind in der Dauerausstellung im Naturkundemuseum Karlsruhe, Erbprinzenstraße 13, zu sehen.

71 Die Uferzone Wangen

Mehr Grün statt Grau

Wer Anfang des Jahrtausends in Wangen bei Öhningen am Untersee war und heute wiederkommt, der wird die Uferzone dort kaum
wiedererkennen. Wo das Bodenseewasser einst gegen riesige graue
Betonplatten rauschte, plätschern die Wellen heute sanft an den flachen Kiesstrand. Hier und da breitet sich das Schilf aus, die Prome-
nade wird von Pappeln gesäumt. Das idyllische Bild könnte von der
Natur so geschaffen worden sein, hier in Wangen ist es jedoch das
Ergebnis einer rund 240.000 Euro teuren Uferrenaturierung im Rahmen des »Aktionsprogramms Bodensee – Schwerpunkt Ufer- und
Flachwasserzone« der Internationalen Gewässerschutzkommission
(IGKB). 2004/2005 begann man, die Uferzone in Wangen naturnah
zu gestalten, indem die hiesigen Betonplatten abgetragen und Kies
und Erde aufgeschüttet wurden. Es dauerte auch nicht lange, da
sprossen die ersten grünen Pflänzchen zwischen den Kieselsteinen,
und das eingepflanzte Schilf breitete sich aus. Die Natur nutzte die
von Menschenhand geschaffene flache Steilvorlage und holte sich
ihr Revier zurück.

Für die Gemeinde ist das eine Win-win-Situation, denn das vergleichsweise grüne Ufer ist für Besucher weit attraktiver als das trost-
lose Grau. Zudem bietet das flache naturnahe Kiesufer auch ökologische und wirtschaftliche Vorteile: Bei Unwettern trotzt es den
hohen Wellen viel besser als steile Mauern und Betonplatten, was
letztlich der Gemeinde bares Geld für die teuren Reparaturen von
Sturm- und Hochwasserschäden erspart.

Deshalb werden immer mehr verbaute Ufer am ganzen See rück-
gebaut und die »Sünden der Vergangenheit« beseitigt. Trotz der ge-
nannten Vorzüge ist das nicht immer leicht, denn bei der Umsetzung
der Pläne prallen eine ganze Menge verschiedene Nutzungsansprü-
che aufeinander. Es ist jedoch der einzige Weg, um den Bodensee
auch künftig intakt zu halten und als Lebens- und Erholungsraum
nachhaltig nutzen zu können.

Adresse D-78337 Öhningen-Wangen | **Anfahrt** vom Autobahnkreuz Hegau nach Moos, weiter auf der L 192 Richtung Stein am Rhein bis Öhningen-Wangen, parken kann man im Seeweg beim Museum Fischerhaus oder beim Campingplatz | **Tipp** Bei einer Tasse Kaffee auf der Terrasse der Residenz Seeterrasse lässt sich das naturnahe Ufer bestens bewundern! (www.residenz-seeterrasse.com)

72 Der Bannwald

Tarzans Welt

Zugegeben: In dieser Art von Dschungel findet man weder Affen noch Elefanten. Trotzdem ist er etwas ganz Besonderes, der Urwald im Naturschutzgebiet Pfrunger-Burgweiler Ried zwischen Wilhelmsdorf und Ostrach. Auf einer Fläche von 441 Hektar wird der Natur freie Hand gelassen. Hier hat der Förster Urlaub, und zwar dauerhaft!

Kernstück des größten und vielseitigsten Bannwaldgebietes Baden-Württembergs ist das Hochmoor »Großer Trauben«. Dort findet man ganz urwüchsige Baumformen und jede Menge abgestorbenes Holz sowie ein ganz besonderes Souvenir der letzten Eiszeit: die Moor-Bergkiefer. Sie hat sich an den nährstoffarmen Standort des Hochmoores angepasst. 2012 wurde das Bannwaldgebiet erweitert und umfasst nun neben dem Rauschbeeren-Bergkiefern-Moorwald viele weitere Waldgesellschaften. Im Bereich »Tisch« etwa findet man heute noch vorherrschend die Fichte. Vermutlich nicht mehr lange, denn 2010 wurde dieses Gebiet wiedervernässt, was dazu führt, dass die Fichten über kurz oder lang »ertrinken« und die ursprünglichen Moorwälder wieder Einzug halten werden.

Doch wer im Bannwald nur Bäume erwartet, irrt: Zu dem Gebiet im Pfrunger-Bergweiler Ried gehören auch Wiesen und Gewässer. Noch. Denn wo früher intensive Grünlandnutzung und Torfabbau stattfanden, wird sich die Natur ihren Raum in den kommenden Jahren zurückholen. So wird der Wald irgendwann das gesamte Gebiet bedecken. Ein Wald, der sich selbst reguliert und dessen Totholz Lebensraum für eine Vielzahl von Tieren und Pflanzen bietet. Dazu gehören zahlreiche Farne, Moose, Pilze und Kleinstlebewesen, die wiederum Nahrungsgrundlage für Kleinspecht, Siebenschläfer, Fledermaus und Co. sind. Für den Menschen gibt es in diesem feingliedrigen Zusammenspiel keinen Platz mehr, ihm bleiben die faszinierenden Aus- und Einblicke der Beobachtungsplattformen und des Wanderwegs.

Adresse zwischen D-88356 Ostrach und D-88271 Wilhelmsdorf | **Anfahrt** Über die B 27 und B 32 nach Pfullendorf fahren. Über die L 201 Richtung Wilhelmsdorf, in Denkingen auf die L 280 Richtung Ostrach und auf der K 8246 Richtung Pfrungen/Wilhelmsdorf fahren. Als Ausgangspunkt eignet sich der Wanderparkplatz Ulzhausen. Nach Waldbeuren und dem Hotel Alte Mühle die Abfahrt links zum Parkplatz nicht verpassen! | **Tipp** Ein Rundwanderweg führt einmal um den »Großen Trauben«, eine Einkehr ist in der Riedwirtschaft in Riedhof möglich.

73___Das Taubenried

Unter Hochspannung

Der Bau von Hochspannungsleitungen in der Landschaft führt oftmals zu Zwist mit den jeweiligen Anwohnern, die das summende Geräusch oder die vermeintlich gestörte Aussicht beklagen. Neben der Notwendigkeit der Stromlieferung hat die 1934 in Betrieb genommene Hochspannungsleitung der RWE Energie, die mitten durch das heutige Naturschutzgebiet Taubenried bei Pfullendorf führt, jedoch noch etwas Gutes: Regelmäßig werden seitdem die Gehölze im Trassenbereich geschnitten, was letztlich der Natur zugutekommt. Denn die seltenen Großseggen- oder Hochstaudenwiesen des Rieds sind auf diese dauerhafte Pflege angewiesen.

Mitten durch den Fichtenmoorwald, in dem an lichten Stellen noch vereinzelt Strauchbirken (Relikte der letzten Eiszeit) wachsen, führt der Weg durch die verschiedenen Lebensraumtypen einer Moorlandschaft: trockene Torfböden, Pfeifengras-Streuwiesen, Schilfriede, Nieder- und Übergangsmoore und die für nasse Standorte charakteristischen Rispenseggenriede. Im Herbst bilden die Rispenseggen riesige hügelähnliche Formen, die sogenannten Bulte, die über den Winter stellenweise das Landschaftsbild bestimmen – ein außergewöhnlicher Anblick, denn im Taubenried können die Bulte bis zu 3,50 Meter hoch werden!

Wer in der einst vom Rheingletscher und seinen Wassermassen geformten Landschaft ausführliche Informationen oder Beschreibungen zu den verschiedenen Lebensräumen und ihrer Flora und Fauna sucht, wird allerdings enttäuscht. Denn hier besticht die Landschaft vor allem durch sich selbst, durch die Ruhe und oftmals die Einsamkeit, in der man das rund 190 Hektar große Gebiet zu Fuß oder mit dem Rad durchquert. Im Frühjahr und Sommer begleiten den Besucher der Mädesüß-Perlmuttfalter, der Storchschnabel-Bläuling oder der in ganz Europa geschützte Dunkle Wiesenkopf-Ameisen-Bläuling, alles sehr seltene Schmetterlingsarten, die im Ried noch flattern.

Adresse D-88630 Pfullendorf | **Anfahrt** auf der B 27 und B 32 über Sigmaringen nach Pfullendorf fahren, weiter auf der L 194 Richtung Ostrach, kurz nach Ortsausgang auf die K 8272 Richtung Hahnennest / Waldbeuren abbiegen, an der Spitalmühle direkt an der Straße kann man parken | **Tipp** In der Geschäftsstelle des BUND Pfullendorf gibt es kostenlose Auskünfte zum Wegenetz und zu den Informationsstationen im Taubenried. Außerdem informiert das Zentrum über Naturschätze in der näheren Umgebung (http://pfullendorf.bund.net).

74__ Die Halbinsel Mettnau

Vogelparadies am Untersee

Wer im Sommer hierherkommt, der steht vor verschlossenem Tor. Denn der einzige Zugang zur naturnahen Spitze der Halbinsel Mettnau ist von April bis Ende August für Besucher gesperrt. Doch gerade das macht die Landzunge östlich von Radolfzell zu einem der wertvollsten Lebensräume für Tiere und Pflanzen am Bodensee. Ungestört brüten Schnatter-, Kolben-, Tafel- und Reiherenten dort in den artenreichen Pfeifengraswiesen, im dichten Röhricht sowie in den unbebauten Schilfbuchten zwischen Schlickflächen und dem umgebenden Au- und Bruchwald.

In den 1960er Jahren entstand bei Auffüllarbeiten für den Mettnaupark ein Teich, der nicht den Wasserschwankungen des Sees ausgeliefert ist und sich deshalb zu einem der regional bedeutendsten Brutplätze für Entenvögel entwickelt hat. Im Frühjahr balzen in den nährstoffreichen Flachwasserzonen des Naturschutzgebietes die Haubentaucher, im Winter nutzen riesige Entenschwärme und zahlreiche Schwarzhalstaucher die schützenden Buchten der rund 3,5 Kilometer langen und 800 Meter breiten Halbinsel zum Überwintern. Reiher suchen in den flachen Buchten nach Nahrung.

Von September bis April, wenn die äußere Mettnau geöffnet ist, führt ein schmaler, langer Weg den Besucher durch das Mosaik der wertvollen Lebensräume bis zu einem kleinen Strand an der Mettnauspitze. Dort beeindrucken nicht nur die Abgeschiedenheit und Ruhe am sonst so quirligen Bodensee, sondern auch die schöne Aussicht auf die Insel Reichenau. Die liegt übrigens in direkter Verlängerung der Halbinsel Mettnau, beide sind Teil eines länglichen Rückens, der Gnadensee und Markelfinger Winkel vom Zellersee trennt.

Das ganze Jahr über ist der markante 18 Meter hohe Mettnauturm geöffnet, von dort aus hat man einen guten Überblick über die gesamte Halbinsel – einen Blick, der ganz sicher für die Unzugänglichkeit der äußeren Mettnau im Sommer entschädigt.

Adresse D-78315 Radolfzell | **Anfahrt** A 81 bis zum Autobahnkreuz Hegau, den Schildern
nach Radolfzell folgen, in Radolfzell den Schildern zum Mettnaupark folgen, auf der
Strandbadstraße vorbei am Mettnaupark bis zum Parkplatz am Strandbad fahren | **Tipp**
Das Naturschutzzentrum Mettnau bietet Führungen zu unterschiedlichen Themen an
(www.nabu-mettnau.de). Zwischen dem Naturfreundehaus Markelfingen und dem
Mettnauturm führt der Life-Pfad Untersee mit 19 Informationstafeln rund um den
Markelfinger Winkel.

75__Das Storchendorf
Vom Storchenvater

1975 gab es nur noch 15 Weißstorchpaare in Baden-Württemberg, heute sind es im ganzen Bundesland über 500. Dass sich die Adebare wieder heimisch fühlen, hat neben dem länderübergreifenden Engagement von Umweltverbänden und Landeseinrichtungen am Bodensee vor allem einen Grund, und der heißt Wolfgang Schäfle. Schäfle kommt aus dem Radolfzeller Teilort Böhringen, dort begann der »Storchenvater« in den frühen 1980er Jahren mit der Wiederansiedelung und Zufütterung von Weißstörchen, seinen Lieblingstieren.

Seit der Jahrtausendwende brüten rund 30 Weißstorchenpaare in dem beschaulichen Dörfchen mit der markanten Zwiebelhaubenkirche, das damit dank Schäfle zum zweitgrößten Storchendorf in Deutschland wurde. Größer ist nur die Population im brandenburgischen Rühstädt in der Elbtalaue.

Anfänglich waren nicht alle Vogelexperten von Schäfles unbürokratischem, leidenschaftlichem Einsatz begeistert, zu persönlich war ihnen der Kontakt des Mannes mit den Wildtieren. Doch heute sind die Erfolge sichtbar, die Bedenken zerstreut, und die Fachwelt – allen voran das Max-Planck-Institut für Ornithologie in Möggingen – freut sich über wertvolle wissenschaftliche Erkenntnisse zur Weißstorchenwelt aus dem Nachbarort. Die Wissenschaftler statten einzelne Störche mit Sendern aus, um den Weg der Zugvögel und Daten zu ihrem Sozialverhalten zu dokumentieren. Übrigens nicht nur für die Wissenschaftler: Vom Vogelfreund und Hobbyornithologen bis hin zum technisch begeisterten Smartphone-Nutzer kann jedermann die Tiere mit der kostenlosen Movebank-App des Max-Planck-Instituts weltweit und fast in Echtzeit am Mini-Bildschirm mitverfolgen. Durch das Hochladen von Bildern und Videos wird man selbst Teil des großen Forschungsprojektes – und Zeitzeuge einer sich wandelnden Wissenschaft, die bewusst die Öffentlichkeit am Forschen teilhaben lässt.

Adresse D-78315 Radolfzell-Böhringen | **Anfahrt** A 81 bis Autobahnkreuz Hegau, den Schildern über die B 33, B 34 und L 220 Richtung Radolfzell folgen, bis Böhringen fahren | **Tipp** Zahlreiche Storchennester sind bei und auf der evangelischen Kirche in der Paul-Gerhardt-Straße konzentriert. Im Böhringer See, einem Natursee am Ortsrand, kann im Sommer gebadet werden (direkt beim Campingplatz).

76___Der Mindelsee

Wo Vögel Urlaub machen

Auch Vögel machen Urlaub: Auf der Liste der beliebtesten Tagesaus-
flugsziele der Reiherenten steht im Herbst der Mindelsee ganz oben.
Über 300.000 der Entenvögel fliegen tagsüber an den malerischen
See auf dem Bodanrück, legen ihr rundes Köpfchen mit dem kurzen
Schnabel in den Nacken, ruhen sich aus, putzen ihr schwarzes Gefieder mit den weißen Flanken, um abends zum Muschel-Gourmet-
diner – erholt und gut gekleidet – wieder nach Hause an die Flachwasser des Untersees zurückzukehren. Auch Graugänse verbringen
über Winter gerne die Tage am größten See der Halbinsel und fliegen frühmorgens in der typischen V-Formation ein.

Der knapp über zwei Kilometer lange und 600 Meter breite Mindelsee ist ein ehemaliger Gletscherzungensee in der Moränenlandschaft östlich von Radolfzell nahe Möggingen und ein wahres Klein-
od in der Landschaft. Überaus vielfältig zeigen sich die Vegetation,
die Tierwelt und die Landschaft am Ufer. Fast 700 Blütenpflanzen-
arten kommen vor, über 2.000 Tierarten – darunter zahlreiche Brut-
vögel – tummeln sich hier. Es kreucht und fleucht, und nicht nur
Vögel sind verzaubert von der Ungestörtheit, Ruhe und vom Natur-
genuss am Mindelsee.

Die Vielfalt geht allerdings nicht alleine auf des Gletschers Kon-
to, ein Großteil des Naturreichtums ist auch dem Menschen zu
verdanken, der den See und die Ufer durch Entwässerung, Landwirtschaft und Torfabbau immer wieder stark beeinträchtigt hat.
Entstanden ist dabei jedoch eine Kulturlandschaft, die heute teilweise sehr seltene Lebensräume birgt. Ausgedehnte Röhrichtflächen,
artenreiche Riedwiesen, kleine Weiher und Teiche in verlandeten
Torfstichen, Kalkquellsümpfe, Auen- und Bruchwälder und natürlich die offene dunkle Seefläche. Der am Nordwestufer gelegene Ba-
desteg lädt zum Abkühlen ein!

Seit 1938 sind 459 Hektar Natur um den See geschützt, ein Wanderweg führt einmal rundherum.

Adresse südöstlich von D-78315 Radolfzell-Möggingen | **Anfahrt** A 81 bis zum Autobahnkreuz Hegau, weiter auf der B 33 bis zur Ausfahrt Radolfzell-Güttingen, in der Ortsmitte von Güttingen nach Möggingen abbiegen, in Möggingen befindet sich südlich des Ortsrandes ein Wanderparkplatz | **Tipp** Im Naturschutzzentrum des BUND in Möggingen, der das Naturschutzgebiet Mindelsee betreut, gibt es eine sehenswerte Ausstellung sowie Informationen zum See und seiner Landschaft (www.bund-bawue.de/mindelsee).

77 — Die Salemer Klosterweiher

Se(e)liges Zisterziensererbe

Aus der Not eine Tugend machen, das war wohl der Gedanke der Zisterziensermönche, die ab dem frühen Mittelalter um die Reichsabtei Salem – dem heutigen Schloss Salem mit exklusivem Internat – zahlreiche Fischteiche anlegten. Die Ordensregeln verboten den Mönchen mit ein paar Ausnahmen den Fleischverzehr, weshalb dringend eine Alternative gefunden werden musste. Die Speisekarte des Klosters war ohnehin recht asketisch und eine schmackhafte Abwechslung aus dem Wasser herzlich willkommen. So wurden die Gottesdiener nach und nach wahre Fachleute für Be- und Entwässerung und Experten für Landkultivierung. Die hügelige Moränenlandschaft rund um Salem mit den inselartigen, tropfenförmigen, oft bewaldeten Drumlins (unter Gletschereis entstandene Hügel), kleinen Tälchen und Senken dazwischen bot eine ideale Kulisse für die Anlage von Teichen. In der Zeit der Säkularisation um 1800 konnte man schließlich zwei Dutzend Fischteiche in der Umgebung des Klosters zählen, darin wurden hauptsächlich Karpfen, Forellen, Schleien und Hechte gezüchtet.

Über die Hälfte der Fischteiche hat die Jahrhunderte überdauert, sie reihen sich heute wie eine Kette aneinander und bilden mit den dichten Wäldern und blumigen Streuwiesen ein idyllisches, parkähnliches Landschaftsmosaik. Teilweise werden die romantischen Seen noch extensiv fischereilich bewirtschaftet. Viel größer als die Fischausbeute ist heute jedoch der ökologische Wert der Gewässer. Breite Verlandungszonen und die angrenzenden Streuwiesen, Wälder und Äcker machen das Gebiet für viele Pflanzen und Tiere zum unersetzlichen Lebensraum. An vielen Ufern findet man geschlossene Schilfgürtel, in denen zahlreiche Vogelarten wie Schwarzhalstaucher mit ihren korallenrot leuchtenden Augen, Kolbenente oder Höckerschwan nisten und brüten. Elf Weiher auf 124 Hektar Umland wurden deshalb als Europäisches Vogelschutzgebiet ausgewiesen.

Adresse zwischen D-88690 Uhldingen-Mühlhofen und D-88682 Salem-Mimmenhausen | **Anfahrt** A 98 bis Stockach-Ost, weiter auf der B 31n nach Überlingen, von Überlingen auf der L 200a zum Schloss Salem (dort Parkmöglichkeit oder am Parkplatz Bifangweiher an der Straße L 201 zwischen Mimmenhausen und Mühlhofen) | **Tipp** Auf einer 17 Kilometer langen Radrundtour vom Parkplatz des Schlosses Salem aus über Uhldingen-Mühlhofen kommt man an vielen der Salemer Klosterweiher vorbei. Eine genaue Tourenbeschreibung findet sich im interaktiven Tourenportal der Marketinggemeinschaft Bodenseeteam (www.bodenseeteam.de).

78__Der Affenberg

Affentheater und Klapperkonzert

Ein Geheimtipp ist der Affenberg in Salem sicherlich nicht mehr, über 300.000 Menschen kommen jährlich in das Freigehege. Fast jeder Bodenseeführer lotst Besucher in den 20 Hektar großen Tierpark, wo sich über 200 Berberaffen fast wie in freier Wildbahn bewegen.

Toll ist ein Besuch – besonders für Kinder – allemal. Keine Gitterstäbe oder Plexiglaswände trennen den Beobachter von den ursprünglich in Nordafrika heimischen Tieren. Im Gegenteil: Mit speziellem Popcorn dürfen die Affen sogar gefüttert werden. So können die Besucher die auf der Roten Liste als stark gefährdet eingestuften Tiere hautnah erleben. Für ein ähnliches Erlebnis müsste man sonst weit reisen, denn die Makakenart lebt ursprünglich im Atlasgebirge in Marokko und Algerien.

Aber auch Liebhaber der heimischen Fauna kommen am Affenberg auf ihre Kosten. Denn das Wildgehege beherbergt außerdem Damwild sowie eine Brutkolonie Weißstörche. Diese schwarz-weißen, grazilen Vögel brüteten einst in fast jedem Dorf im Süden Deutschlands, mehrere Horste auf einem Dach waren keine Seltenheit. Doch der Lebensraum der Tiere, wie Flussauen, extensiv genutzte Wiesen und Weiden sowie Uferbereiche von Gewässern, wurde zunehmend in Ackerland umgewandelt oder besiedelt, was einen sehr starken Rückgang der Storchenpopulationen nach sich zog. Heute haben sich die Bestände zwar leicht erholt, über 100 majestätisch kreisende Störche am Himmel – wie im Sommer über dem Affenberg – sind dennoch eine Seltenheit.

Fast 20 Horste gibt es mittlerweile in der Nähe des Affenbergs, dort ziehen die klappernden Störche ihre Jungen auf. Im Spätsommer treten die Zugvögel dann die lange Reise in die nord- und westafrikanischen Überwinterungsgebiete an, kommen jedoch im Frühjahr – mit besten Grüßen aus der Heimat an die Affennachbarn – in der Regel in dieselben Nester am Affenberg wieder zurück.

Adresse Affenberg Salem, Mendlishauser Hof 1, D-88682 Salem-Tüfingen | **Anfahrt** über die B 31 bis Uhldingen-Mühlhofen fahren, auf der L 201 Richtung Salem, kurz vor Mühlhofen auf die K 7765 abbiegen, der Affenberg liegt an der K 7765 zwischen Ober- uhldingen und Salem-Tüfingen | **Tipp** Im Juli und August kurz vor ihrer Abreise gen Süden kann man den Jungstörchen bei den ersten Flugkapriolen zusehen, die teils ganz schön waghalsig aussehen! Im Schloss Salem befindet sich das größte Feuerwehrmuseum Europas, das die technische Entwicklung des Löschwesens zeigt.

79__Der Park Arenenberg
Kaiserlich lustwandeln

Hortense de Beauharnais liebte die Natur so sehr, dass sie ihren Garten bereits plante, bevor sie ihn überhaupt besaß. Im Jahr 1817 war es dann schließlich so weit, und die Stieftochter und Schwägerin Napoleons I. erwarb ein Anwesen in Salenstein am Schweizer Ufer des Bodensees. Dort ließ sie nach dem Vorbild ihres Elternhauses – dem prachtvollen Schloss Malmaison unweit von Paris – einen zwölf Hektar großen Landschaftspark im englischen Stil anlegen, der den königlichen und kaiserlichen Ansprüchen gerecht wurde. Ganz im Gegensatz zum zwar behaglichen, aber für königliche Ansprüche wohl doch zu beschaulichen Schloss Arenenberg, das Hortense erst einmal grundlegend umbauen ließ. Vollkommen freiwillig war die ehemalige Königin von Holland jedoch nicht an den Bodensee gekommen: In der Grande Nation war sie nach dem Sturz Napoleons I. nicht mehr gerne gesehen, weshalb sie ein paar Abstriche beim Immobilienkauf tolerieren musste.

Die damals »angesagten« Ideen für ihre Gartenanlage brachte Hortense aus ihrer Heimat mit und ließ mit Unterstützung des wohl berühmtesten französischen Gartenbauers Louis-Martin Berthault sowie Fürst Hermann von Pückler-Muskau den prachtvollen Park anlegen.

Verwunschene Wege führen zu kleinen Springbrunnen, hohe Bäume und weite Wiesen imitieren gepflegt wilde Natur, und zwischen Eiskeller und Pavillon lässt es sich heute ebenso kaiserlich lustwandeln wie anno dazumal. Der Schlossgarten gilt mittlerweile sogar als Kulturdenkmal von europäischem Rang. Eine Himmelsleiter genannte Treppe überwindet die rund 70 Meter Höhenunterschied im Park und eröffnet einen grandiosen Blick auf den Untersee und die Insel Reichenau. Dieser malerische Blick auf – wie Hortense es nannte – »unseren Golf von Neapel« war angeblich auch ausschlaggebend für die Mutter des letzten Kaisers von Frankreich, sich im Exil hier niederzulassen.

Adresse Schloss und Park Arenenberg, CH-8268 Salenstein | **Anfahrt** auf der Haupt-straße 13 Richtung Feuerthalen/Schaffhausen bis Ermatingen fahren, danach der Beschilderung Arenenberg/Napoleonmuseum folgen, direkt am Schloss gibt es eine Parkmöglichkeit | **Tipp** Im Schloss Arenenberg, das als schönstes Schloss am Bodensee gilt, befindet sich das Napoleonmuseum. Es zeigt Erinnerungsstücke französischer und kaiserlicher Lebensart der Familie Bonaparte sowie kostbare Gemälde und wertvolles Mobiliar (www.napoleonmuseum.tg.ch).

80_ Die Sauldorfer Baggerseen

Sandeln, bis der Storch kommt

»Achtung – Kröten kreuzen!« Dieses Warnschild wird Autofahrern rund um Sauldorf im Frühjahr wohl öfters begegnen. Denn einer der fünf hintereinanderliegenden und unter Naturschutz stehenden ehemaligen Baggerseen wurde zum Amphibienbiotop umgestaltet und ist bei den Lurchen als Laichplatz äußerst beliebt. Frösche, Kröten, Molche, Salamander und Unken wandern im Frühjahr dorthin und legen ihre Eier ab. Im Wasser schlüpft dann der Nachwuchs, etwa die quirligen Kaulquappen, die später als Frösche und Kröten auch an Land leben – und übrigens genau an die Gewässer zum Laichen zurückkehren, in denen sie aufgewachsen sind.

Das Mosaik aus Wäldern, feuchten Böden, Wiesen und flachen Seen rund um die ehemalige Kiesabbaufläche südwestlich von Sauldorf bietet aber nicht nur ein wunderbares Laichgebiet für Amphibien, sondern auch ein äußerst solides Nahrungsangebot sowie einen autofreien Wanderweg durch das 144 Hektar große Naturschutzgebiet.

Wirklich sicher ist der Lurch auf Wanderschaft trotzdem nicht immer, denn an den heute nicht mehr wirtschaftlich genutzten Seen lebt auch der seltene Schwarzstorch. Der ist etwas kleiner als der bekanntere Weißstorch, schwarz gefärbt, wobei sein Gefieder je nach Lichteinfall in verschiedenen Farben schimmern kann. Seine Nahrung besteht hauptsächlich aus Tierischem, darunter auch gerne Frösche und Molche.

Die fünf unter Naturschutz stehenden Baggerseen sind Teil der Sauldorfer Seenplatte, die insgesamt zehn Baggerseen im Ablachtal umfasst. Nicht alle davon sind heute stillgelegt, sie werden teils immer noch zum Nassabbau von Kies genutzt. Wo ginge das auch besser als dort, wo eine Gletschermoräne der vorletzten Kaltzeit von einem Schmelzwasserstrom der letzten Eiszeit freigelegt wurde! Bis 2017 wird noch gesandelt, dann endet die Nutzungsperiode auch für die noch bewirtschafteten Seen laut Gemeinderatsbeschluss.

Adresse südwestlich von D-88605 Sauldorf | **Anfahrt** über die B 14 / B 311 Richtung Meßkirch fahren, bei Heudorf auf die B 313 Richtung Stockach wechseln, in Krumbach Richtung Sauldorf abbiegen und der K 8216 folgen, bis eine Abzweigung links zum TipiHof Bechtold führt, am TipiHof parken, abwärts nach rechts gehen und die Kreis-straße überqueren, nach circa 700 Metern links abbiegen | **Tipp** Südlich der Sauldorfer Baggerseen liegen die Schwackenreuter Baggerseen-Rübelisbach. See Nummer 6 ist ein offizieller Badesee, der im Sommer Abkühlung verschafft!

81 Die Wasserfälle

Rotkäppchen und der Widder

Es war einmal … Das Rotkäppchen in der Rohrachschlucht bringt zwar weder Kuchen noch Wein, aber man erkennt es trotzdem an seiner roten Kappe. Hier in den Wäldern rund um die berühmten Scheidegger Wasserfälle ist der größte heimische Specht zu Hause, der Schwarzspecht. Er ist krähengroß, schwarz (wie der Name sagt) und trägt eine Art rote Mütze: sein Scheitel ist auffällig rot gefärbt. Der Vogel zimmert seine Bruthöhle in alten Buchen- und Eichenbäumen und ernährt sich unter anderem von Ameisen und Insektenlarven. Den Wolf muss das Rotkäppchen in der Rohrachschlucht nicht fürchten – das bräuchte er übrigens selbst dann nicht, wenn dieser in den Wäldern wieder heimisch wäre. Da scheint der Widder schon bedrohlicher. Der lebt zwar nicht, seine unnatürlichen Laute sind aber zum Davonlaufen!

Der hydraulische Widder ist eine besondere, heute seltene Wasserpumpe, die an den Scheidegger Wasserfällen noch im Einsatz ist und Technikbegeisterte staunen lässt. Denn die Pumpe braucht keinen Strom, ihre Technik basiert auf dem Rückstoßprinzip. So pumpt sie mechanisch und ganz schön laut Wasser bis in eine Höhe von 300 Metern. Den Namen hat die Wasserhebemaschine vom wechselseitigen Öffnen und Schließen des Druck- beziehungsweise Stoßventils, das an zwei kämpfende Schafböcke erinnern soll.

Märchenhaft wäre es an den Scheidegger Wasserfällen, einem der schönsten Geotope Bayerns, auch ohne diese besondere Tier- und Technikwelt. Der tosend über zwei Klippen insgesamt 40 Meter in die Tiefe stürzende Rickenbach braucht nicht mehr als das rauschende Wasser, um die Alpenvorlandschaft auffällig zu gestalten und die Besucher zu beeindrucken. Das harte Nagelfluhgestein, das aussieht, als ob man unzählige Nägel hineingehauen hätte, ist viel widerstandsfähiger als der darunterliegende weiche Sandstein, der vom steten Wassertropfen langsam ausgehöhlt wurde und damit das Wasser zum Fallen brachte.

Adresse D-88175 Scheidegg | **Anfahrt** A 96 bis Ausfahrt Sigmarszell, weiter auf die B 308 Richtung Scheidegg. Kurz vor Scheidegg und dem Reptilienzoo führt eine beschilderte Abfahrt zu den nordwestlich von Scheidegg gelegenen Wasserfällen. | **Tipp** Auch für Erwachsene lohnt nach dem Rundgang ein Abstecher auf den Wasserspielplatz, denn das Wasser zum Planschen wird dort vom hydraulischen Widder herangeschafft.

82 Der Skywalk Allgäu

Schritt ins Bodenlose

Waldspaziergänge mit Kindern sind eine tolle Angelegenheit. Über Baumstümpfe klettern, Spechte beobachten, Bucheckern sammeln, im Herbst durch bunte Blätter stapfen, all das sind schöne Beschäftigungen, bis – ja, bis die Kinder größer werden. Dann ist ihnen die vielfältige Natur doch irgendwie zu langweilig. Zu wenig Action, zu wenig Fun. Manchmal hilft es dann, beim Spaziergang einfach die Perspektive zu wechseln. Nicht unten an den Baumstämmen vorbeizugehen, sondern ganz oben in den Baumkronen den Wald zu entdecken. Das bringt Spaß, Action und ein unvergleichliches Naturerlebnis auch für die Eltern.

Bei Scheidegg nahe der deutsch-österreichischen Grenze im Westallgäu geht das. Dort führt ein Baumwipfelpfad auf einer teils wackeligen Hängebrücke in 15 bis 30 Metern Höhe einen halben Kilometer lang durch den Mischwald aus Weißtannen, Fichten und anderen Baumarten. Das ganze rund sechs Hektar große Areal befindet sich in einer Höhe von rund 1.000 Metern, sodass sich von ganz oben im Wald ein herrlicher Blick über Bodensee, Oberschwaben, das Westallgäu und die Alpen eröffnet. Ein höheres Naturhighlight gibt es nicht oft!

Der Aufstieg erfolgt gemächlich über Treppen und einen Pfad gen Himmel am Waldrand entlang. Eilige, Rollstuhlfahrer und Kinderwagenschieber können den Aufzug im 40 Meter hohen Aussichtsturm aus Stahl benutzen. Dem Andrang in den Sommermonaten zufolge kommt das Walderlebnis der höheren Art vor allem bei Familien sehr gut an. Fürs Innehalten und Ausblickgenießen bleibt dann in der Höhe kaum eine ruhige Minute.

Unter dem Höhenweg laden weitere Attraktionen wie ein Abenteuerspielplatz, Naturerlebnispfade und ein Barfußpfad ein, das Ökosystem Wald auf spannende Art zu entdecken. Und wenn alles gut läuft, dann gehen Eltern und Kinder am späten Nachmittag nicht nur müde, sondern auch ein klein wenig klüger nach Hause.

Adresse Oberschwenden 25, D-88175 Scheidegg-Oberschwenden, www.skywalk-allgaeu.de | **Anfahrt** A 96 bis Ausfahrt Sigmarszell, weiter über die B 308 nach Scheidegg fahren, am Kreisverkehr Richtung Scheidegg abbiegen und den Ort durchfahren, auf der Prinzregent-Luitpolt-Straße nach dem Kurhaus am Ortsausgang rechts abbiegen und der Beschilderung zum Skywalk folgen | **Öffnungszeiten** April–Okt. täglich 10–18 Uhr, Nov.–März Mo, Do–So 11–17 Uhr | **Tipp** Im Reptilienzoo – Gretenmühle 9 – können heimische und exotische Echsen, Schlangen und andere Kriechtiere bestaunt werden.

83__Der Hohentwiel

Von Gartenkräutern und Feinschmeckerschafen

Die Schafe mögen sie nicht, diese im Sommer lila-blau blühende Staude aus der Familie der Lippenblütler. Deshalb lassen die Tiere die holzigen Zwergsträucher an den Hängen des Hohentwiel einfach stehen. Dort fällt die Pflanze auf den sonst tierisch abgemähten Weiden den Besuchern meist schnell ins Auge, und Pflanzenkundige erfreuen sich an der botanischen Besonderheit hoch über den Dächern Singens: dem Ysop. Ursprünglich kommt das für Schafe wenig schmackhafte Kraut aus Süd- und Osteuropa, wurde jedoch im Mittelalter als Gewürz- und Heilpflanze in vielen Kräutergärten auch hierzulande angebaut. Wohl auch in den Gärten der ehemaligen Festungsanlage Hohentwiel, denn von dort ist der würzige Ysop ausgebüxt und hat sich auf den Trockenrasenflächen an den Hängen des Berges in landesweit herausragenden Vorkommen angesiedelt.

Aufmerksam wird man auf das auch sonst besondere Pflanzenkleid des Berges beim lohnenswerten Gang auf dem rund drei Kilometer langen Vulkanpfad, der den Phonolithberg auf halber Höhe umrundet. An zwölf Stationen mit Schautafeln werden die geschützte Pflanzen- und Tierwelt, der Weinbau sowie die Geologie des Felsstockes erklärt.

Vor rund 15 Millionen Jahren spuckte der Urvulkan Hohentwiel Tuff und Asche in die Hegaulandschaft, die durch die Auffaltung der Alpen so brüchig im Untergrund war, dass heißes Magma nach oben dringen konnte. Danach war es einige Zeit ruhig um den Vulkan, bis vor rund neun Millionen Jahren abermals Magma durch den Vulkanschlot nach oben drang – das allerdings die Erdoberfläche nie erreichte, sondern im Schlot erstarrte. Dieser erstarrte Felspfropfen aus Phonolith, der durch die eiszeitlichen Gletscher rundum freigehobelt und herausgestellt wurde, ist heute der mit 686 Metern markant aus der Radolfzeller Ach-Ebene aufragende Hohentwiel mit der atemberaubenden Aussicht auf die westliche Bodenseelandschaft.

Adresse D-78224 Singen | **Anfahrt** A 81 Ausfahrt Singen, in Singen auf der B 34 Richtung Gottmadingen / Schaffhausen bis zur Hohentwielstraße in der Singener Innenstadt, von dort Auffahrt bis zum Informationszentrum der Festungsruine, dort parken | **Tipp** Vom Vulkanpfad lohnt auf jeden Fall ein Abstecher zu den Ruinen der mächtigen Festungsanlage Hohentwiel. Nicht nur der Aussicht wegen, die Felsen sind auch Lebensraum für wärmeliebende, an extreme Standorte angepasste Tiere wie die Mauereidechse oder die Schlingnatter.

84_ Der Galgenberg
Reben hängen dort noch heute

Dort, wo einst ein Galgen auf dem Bergplateau stand, thront heute eine stählerne Blattform auf dem rund 500 Meter hohen Hügel bei Bohlingen. Nein, dies ist kein gravierender Rechtschreibfehler, die Aussichtsanhöhe auf dem Bohlinger Galgenberg trägt tatsächlich den Namen »Blattform« und hat die Form – raten Sie mal! – eines Blattes. Seit 2010 haben Besucher von dort oben einen sagenhaften Rundumblick auf die Halbinsel Höri, das Aachried, den Untersee, den Bergrücken des Bodanrücks und die Vulkanlandschaft des Hegaus. Der Galgenberg ist von verfestigter vulkanischer Asche bedeckt, dem harten Tuff. Dieser Tuff hat den Berg letztlich gerettet, als der Rheingletscher in der letzten Eiszeit die Landschaft des Hegaus formte und alles, was nicht steinhart war, weggehobelt hat. Wie auch der Plören bei Hilzingen oder das Rosenegg bei Rielasingen, die heute als hügelige Inseln aus der Landschaft aufragen, wurde der Galgenberg vom Gletscher abgerundet, konnte dem Eisgiganten jedoch dank der harten vulkanischen Hinterlassenschaft standhalten.

Der Weg zur »Blattform« führt vorbei an kleinen Gärten, an Weinbergen und artenreichen Trockenrasen mit Sommerginster, Blutstorchenschnabel und Hirschwurz. Informationstafeln am Wegesrand erklären die Tier- und Pflanzenwelt sowie Wissenswertes zum Weinbau.

Eigentlich können Bohlingen und der Galgenberg auf eine rühmliche Weinbautradition zurückblicken, bis ins Jahr 773 nach Christus lässt sich der Anbau von Reben am Berg nachweisen. Nach dem Zweiten Weltkrieg ging die Rebfläche jedoch immer weiter zurück. Schuld daran waren Reblaus und Mehltau sowie ungünstige Witterungen. Bis das Weingut Rebholz aus Radolfzell-Liggeringen im Jahr 2002 die brach gefallenen Weinberge wieder instand setzte und seitdem – ganz zum Stolz der Bohlinger – Weiß-, Grau- und Spätburgunder am Südhang des Galgenberges erfolgreich anbaut.

Adresse Auf dem Galgenberg, D-78224 Singen-Bohlingen | **Anfahrt** A 81 bis Autobahn-
kreuz Hegau, weiter Richtung Radolfzell, bei der Ausfahrt Moos auf die B 34, weiter über
die L 223 und Überlingen am Ried nach Bohlingen fahren, von der L 223 zweigt die
Straße »Auf dem Galgenberg« rechts ab | **Tipp** Probieren Sie ein Gläschen Burgunder des
Weingutes Rebholz vom sonnenverwöhnten Südhang des Galgenberges. Das Weingut in
der Bergstraße 1 in Liggeringen hat abends und samstags geöffnet (http://rebholz-wein.de).

85__Der Hohenkrähen

Des Burggeists Herberge

»Des Herrgotts Kegelspiel«, so bezeichnete der Schriftsteller und gute Freund Hermann Hesses Ludwig Finckh den Hegau. Wer an der Raststätte Hegaublick an der A 81 steht und die markanten Bergkegel vor sich sieht, der kann sich Gott beim Spielen wahrlich vorstellen.

Tatsächlich ragen die ehemaligen Vulkane wie einzelne Kegel aus der Landschaft, die bizarrste Gestalt hat dabei der 642 Meter hohe Hohenkrähen. Ihn erkennt man leicht an der fast stielförmigen Bergkuppe von geringem Durchmesser, die von einer Burgruine geziert wird. Zusammen mit dem Hohentwiel und dem Mägdeberg gehört er zur südöstlichen Hegauer Vulkanbergreihe, die aus Phonolithgestein besteht. Dieses Gestein erstarrte im ehemaligen Vulkanschlot vor rund neun Millionen Jahren und wurde dann durch den Rheingletscher von der weicheren Gesteinsummantelung freigehobelt, wobei die seltsam unwirkliche Form des Berges entstand.

An den steilen und unzugänglichen Nord- und Nordosthängen des Vulkankegels wächst heute ein Lindenwald, der angeblich größte Westdeutschlands. Von April bis Juni färbt sich der steinige Waldboden darunter zartlila, wenn die Blüten der Finger-Zahnwurz blühen. In der Nähe der Burgruine wird der Wald dann immer lichter, und einzelne Sträucher und niedere Bäume klammern sich wie verzweifelt an die Blockhalden. Hier im Reich der Trockenheit und Hitze liebenden Felspflanzen findet man beim genauen Hinsehen auch das Wermutkraut, das den meisten eher durch den gleichnamigen bitteren Aperitif bekannt sein dürfte als aus der Natur.

Angeblich hauste in den Ruinen der ehemaligen Burg Hohenkrähen, wo sich heute filigrane Mauereidechsen angesiedelt haben und sonnen, der Geist des boshaften Burgvogts Poppolius. Um das »Poppele«, wie der Geist genannt wird, ranken sich zahlreiche Sagen und Legenden; Fakt ist, dass das »Poppele« bis heute Kultfigur in der Singener Fasnacht ist.

Adresse zwischen D-78247 Hilzingen-Duchtlingen, D-78224 Singen-Schlatt und D-78259 Mühlhausen | **Anfahrt** A 81 bis Ausfahrt Singen, dann auf der L 191 Richtung Engen bis zum Parkplatz bei Schlatt unter Krähen direkt an der Schnellstraße | **Tipp** Das Archäologische Hegau-Museum im Schloss Singen, am Schlossgarten 2, zeigt die Entwicklung von Mensch und Umwelt von der letzten Eiszeit bis ins Mittelalter. Es ist eine der besten Ausstellungen für Ur- und Frühgeschichte in Baden-Württemberg.

86 Die Sipplinger Churfirsten

Wind, Wasser und Wetter getrotzt

Nur wenige Meter sollen es laut Wegweiser noch zu den Churfirsten sein. Auf den ersten Blick scheint das ein kleiner Scherz der Gemeinde Sipplingen zu sein, schließlich türmen sich die bekannten Schweizer Churfirsten Selun, Frümsel, Brisi, Zuestoll, Schibenstoll, Hinterrugg und Chäserrugg in weiter Ferne hinter dem Schweizer Seeufer imposant und schneebedeckt auf. Die Distanz bis dahin beträgt sicherlich ein Vielfaches von »wenigen Metern« – jedenfalls von diesem einsamen Wegweiser im Wald bei Sipplingen aus.

Doch ein Scherz ist dies keinesfalls, denn wie Ortskundige wissen, hat nicht nur der Ostschweizer Walensee seine sieben Churfirsten, sondern auch der Bodensee. Und zwar genau hier, im Naturschutzgebiet Sipplinger Dreieck am Rotweilerberg. Nur wenige Minuten Wanderweg nach dem Wegweiser türmen sich dann auch fünf Sandsteinpfeiler meterhoch aus dem Untergrund. Mit den über 2.000 Meter hohen Brüdern in weiter Ferne sind sie zwar nicht zu vergleichen, aber Größe ist bekanntlich nicht alles. Immerhin kann man die hiesigen Felsen mit weit weniger Anstrengung und Zeitaufwand umrunden.

Wind und Wetter haben die steinernen Säulen über Jahrtausende geformt. Die wie Mützen aussehenden Platten auf den Spitzen der Churfirsten sind aus hartem Sandstein, der die wesentlich weicheren Schichten darunter vor der Abtragung geschützt hat. Von den sieben namensgebenden Säulen sind heute nur noch fünf in ihrer ursprünglichen Form erhalten. Bei zweien verwitterte der schützende Hut, sodass der weiche Sandstein schutzlos Wind und Wetter ausgesetzt war – was der traurige Rest von Churfirst Nummer 6 eindrücklich zeigt!

Namensgeber der Churfirsten waren wohl die sieben Kurfürsten des Heiligen Römischen Reiches, die im Mittelalter den römisch-deutschen König wählten. Angeblich sahen diese mit ihren Mützen so aus wie die Sipplinger Geoformation.

Adresse östlich von D-78354 Sipplingen | **Anfahrt** A 98 bis Stockach-Ost, weiter auf die Seestraße B 31 fahren, Sipplingen passieren und beim Industriegebiet abfahren, nach 150 Metern rechts halten und am Sportplatz parken, dem ausgeschilderten Wanderweg folgen | **Tipp** Bei einer erweiterten Wanderung vom Dorfkern Sipplingen aus gelangt man über die Aussichtspunkte Burghalde und Haldenhof auch auf dem Geopfad oder südlich an der Ruine der Haldenburg vorbei zu den Sipplinger Churfirsten.

87_Die Rheinbrücke

Anfang und Ende

Anders als etwa der Starnberger See oder der Ammersee ist der Bodensee kein einheitlicher Wasserkörper, der durch einzelne kleine Buchten gegliedert ist. Am Bodensee verhält sich die Geografie – und mehr noch die Bezeichnungsvielfalt – ein wenig komplizierter. Auf einer Landkarte fallen die zwei großen Wasserkörper auf, die eigentlich nur durch eine schmale flussartige Verbindung bei Konstanz miteinander verbunden sind. Der größere der beiden Wasserkörper, der Obersee, wird vom Rhein gespeist, der im Rheinkanal bei der Fußacher Bucht in den See mündet. Hier ist also irgendwie der Anfang des Bodensees. Der westlich von Konstanz gelegene kleinere Teil wird als Untersee bezeichnet, der schließlich fließend in den Rhein übergeht.

Doch wo genau hört der Bodensee eigentlich auf, und wo fängt der Rhein an? Die Natur hat hier keine Grenze vorgesehen, wohl aber der Mensch! Denn schließlich geht es um Marketing und Zuständigkeiten, um Eindeutigkeit und Ordnung. Und so wurde die schon zur Römerzeit bestehende und zwischen 1972 und 1974 in ihrer heutigen Form errichtete Rheinbrücke in Stein am Rhein als Grenze zwischen Bodensee und Rhein gewählt. Genauer gesagt zwischen dem Rheinsee und dem Hochrhein. Denn der Seerhein, der durch Konstanz fließt und Obersee und Untersee verbindet, wird verwirrenderweise zum Rheinsee, der mit dem Zeller See und dem Gnadensee zusammen den Untersee bildet. Und der entwässert dann bei Stein am Rhein in den Rhein, der zwischen Bodensee und Basel als Hochrhein bezeichnet wird. – Und da sage noch einer, Geografie sei einfach!

Wenn man also auf der 111 Meter langen Spannbetonbrücke in Stein am Rhein steht, kann man Richtung Osten in den Bodensee und Richtung Westen in den Rhein spucken. Man ist damit am Ende des Bodensees angekommen. Oder anders gesagt: Man steht auf einer Grenze, die irgendwie doch gar keine ist.

Adresse Rhigass, CH-8260 Stein am Rhein | **Anfahrt** über die schweizerische N 13 Schaffhausen–Konstanz bis Stein am Rhein oder über die L 191 von Singen über den Grenzübergang bei Rielasingen-Worblingen (Parkmöglichkeit besteht in der Altstadt an der Stadtkirche) | **Tipp** Rein rechnerisch wird der Rhein bereits bei Konstanz zum eigenständigen Fluss, denn dort liegt der Kilometer 0 des Flusslaufs.

88 Die Heidenhöhlen in Zizenhausen

Geheimnisvolle Gänge

Wer die Höhlen in der Felswand beim Stockacher Ortsteil Zizenhausen geschaffen hat und warum, das bleibt vielleicht für immer ein Geheimnis. Besucher können heute nur rätseln, was die Erbauer dazu gebracht hat, die Steilwand des Bergs Heidenbühl metertief auszuhöhlen und die legendenumwobenen Nischen, Gänge und Schächte anzulegen. Eines ist jedoch sicher: Die Natur hat es ihnen vergleichsweise leicht gemacht. Denn der Heidenbühl ist ein Molassefelsen, der sich wegen seines Gesteins hervorragend zum Höhlenbau eignet. Die Gesteinsschichten des Felsens sind unterschiedlich hart. Die relativ harten Schichten wurden von den unbekannten Architekten und Baumeistern geschickt als Höhlenböden oder -decken genutzt, während die vergleichsweise weicheren Schichten für die eigentlichen Hohlräume ausgeräumt wurden.

Ein schmaler Pfad führt die Besucher entlang der Steilkante des Felsens, von wo aus die Höhlenräume heute frei zugänglich sind. Jedenfalls im Sommer. Im Winter werden die Eingänge teilweise mit einem eisernen Gatter versperrt, um das Große Mausohr, das Braune Langohr und andere teils seltene Fledermausarten, die in den Höhlen überwintern, nicht zu stören.

Dort, wo heute die Fledermäuse Unterschlupf finden, lebten einst ganz andere Tiere: Haifische. In der hellgelben Felswand kann man heute noch ihre scharfen Beißerchen finden. Durch die Auffaltung des Alpengebirges hatte sich im nördlichen Vorland ein tiefes Becken gebildet, das lange Zeit mit Meereswasser gefüllt war. Dort lebten verschiedene Meerestiere, bis das Becken durch den Abtragungsschotter der Alpen aufgefüllt war. Durch einen eiszeitlichen Schmelzwasserstrom wurde die zuvor tief verborgene Gesteinsschicht freigelegt und mit ihr auch das ein oder andere scharfe Andenken an eine längst vergangene Zeit.

Adresse D-78333 Stockach-Zizenhausen | **Anfahrt** A 98 bis Stockach-Ost, über die B 31 nach Stockach fahren, im Zentrum beim Goldenen Oehsen auf der Zoznegger Straße (K 6180) Richtung Zoznegg fahren, bei der »Berlingersiedlung« links in den Berlinger Weg abbiegen und hinauffahren bis zum Parkplatz am Wasserbehälter südöstlich des Heidenbühls | **Tipp** Taschenlampe für eine eigene Höhlenexpedition nicht vergessen. Das Umweltzentrum Stockach bietet Veranstaltungen in und mit der Natur für Interessierte jeden Alters an. Die Termine sind in einem Programmheft zusammengefasst, das über die Website heruntergeladen werden kann (www.uz-stockach.de)!

89 Das Wildrosenmoos

Natur kennt keine Grenzen

Europa war nicht immer vereint. Schon fast vergessen sind jene Zeiten, als etwa zwischen Deutschland und Österreich Pässe vorgezeigt werden mussten und Zollkontrollen durchgeführt wurden. Wie an fast allen Grenzen gab es zu der Zeit auch dort listige Geschäftemacher, die diese Grenzkontrollen geschickt zu umgehen wussten. Umgehen im wahrsten Sinne des Wortes, denn geschmuggelt wurde meist per pedes, durch unwirtliche Gebiete, die die Natur scheinbar genau dafür gemacht hatte.

Durch das Wildrosenmoos zwischen dem österreichischen Sulzberg und dem deutschen Oberreute auf fast 1.000 Metern Höhe verlief so ein Schmugglerpfad, auf dem allerlei Waren und Menschen inoffiziell die Ländergrenzen passierten. Das scheinbar karge Landschaftsmosaik aus sumpfigem Hochmoor mit Moorbirken und Latschenkiefern, schwarzbraunem Moorweiher, Pfeifengrasstreuwiesen, dunklen Wäldern und den nahe liegenden, von der Hochfläche aus tief eingeschnittenen Schluchten bot für den illegalen Grenzverkehr eine ideale Kulisse mit guten Verstecken, abenteuerlichen Fluchtwegen und teils verheerenden Sackgassen.

Dass die Schmuggler die botanischen und faunistischen Raritäten der Hochmoorlandschaft gekannt und die verschiedenen Enziane, seltenen Orchideen und spezialisierten Falterarten wissenschaftlich korrekt benennen konnten, ist eher zu bezweifeln. Und doch nutzten die Gesetzesbrecher die Natur als Grundlage ihres Handwerks. Die Verständigung mit dem Gegenüber erfolgte teils mit imitierten Vogellauten und anderen Tiergeräuschen, schließlich wollte man keine Aufmerksamkeit erwecken!

Ob Schmuggler nun ein ehrbarer Beruf war oder nicht, soll an dieser Stelle gewiss nicht diskutiert werden. Klar wird aber, dass diese Menschen hervorragende Naturkenner gewesen sein müssen, um sich erfolgreich, aber unauffällig im Wildrosenmoos zurechtzufinden.

Adresse zwischen D-88179 Oberreute und A-6934 Sulzberg | **Anfahrt** A 96 bis Ausfahrt Sigmarszell, weiter auf der B 308 Richtung Scheidegg, an Scheidegg vorbei nach Oberreute und von dort nach Sulzberg in Österreich fahren (Parkmöglichkeit im Zentrum), von dort ist der Grenzerpfad, der durch das Wildrosenmoos führt, für Wanderer ausgeschildert | **Tipp** In den naturnah bewirtschafteten Plenterwäldern rund um das Wildrosenmoos wachsen herrliche heimische Weißtannen, die in der modernen Baukultur wieder eine bedeutende Rolle einnehmen. Bestes Beispiel dafür ist das 2006 fertiggestellte Gemeindehaus in Sulzberg.

90 __ Tengens Wasserfälle

Naturerlebnis mit Genuss

Wer Natur genießen will, der muss nicht immer in die entlegensten Winkel fahren, steile Schluchten erwandern oder unbefestigten und rutschigen Wegen folgen. Es kann auch viel einfacher gehen wie etwa im Tengener Stadtteil Blumenfeld im Hegau. Dort rauscht der Biberbach eindrücklich direkt an der Terrasse des Hotel-Restaurants Bibermühle (direkt an der B 314) über eine sechs Meter hohe Felsstufe in die Tiefe. Der Wasserfall kann gemütlich bei einer Tasse Kaffee bewundert werden, als ob die Betreiber des Restaurants die Natur um die herrliche Kulisse gebeten hätten!

Unweit des Biberfalls direkt bei der Altstadt Tengen hat der Mühlbach eine tiefe Schlucht ins anstehende Gestein gegraben. Sein Wasser fällt über mehrere bis zu 13 Meter hohe Kaskaden berauschend in die Tiefe. Allerdings ist hier ein wenig mehr Anstrengung als beim Biberfall erforderlich, um das Naturschauspiel zu erkunden. Von der Altstadt Tengen, die malerisch auf einem steilen Bergsporn über der Mühlbachschlucht thront, führt ein schmaler Treppenweg zu den abstürzenden Wassermassen, quert diese auf einer Holzbrücke und führt schließlich weiter zur Oberen Mühle. Deren Wasserrad funktioniert erstaunlicherweise immer noch, obwohl die Mühle selbst heute nur noch Ruine ist.

Wer nicht denselben Weg zur Altstadt zurückgehen möchte, der macht sich auf dem Eselsweg durch das Riedbachtal auf zur Burgruine und gelangt so wieder nach Tengen. Der Eselsweg war im Mittelalter, als sich auf dem Bergsporn noch die zwei politisch getrennten Städte »Vordere Stadt« und »Hinterburg« befanden, der einzige Zugang und Transportweg nach Hinterburg, wenn sich die zwei Städte – was gar nicht selten vorkam – wieder einmal bekriegten.

Beim Spaziergang rund um Tengen kommen auch Pflanzenfreunde auf ihre Kosten: Vom Pfad aus kann das Bleiche Knabenkraut, eine seltene blassgelb blühende Waldorchidee, entdeckt werden.

Adresse D-78250 Tengen | **Anfahrt** A 81 bis Ausfahrt Singen, ab Singen auf der B 314 nach Tengen (Parkplatz am Rathaus), der Abstieg zur Mühlbachschlucht von der Altstadt Tengen (Stadtstraße) aus ist beschildert | **Tipp** Vom Nachbarort Blumberg fährt die wegen ihres kurvigen Verlaufs Sauschwänzlebahn genannte Wutachtalbahn nach Hintschingen durch den Naturpark Südschwarzwald. Das Eisenbahnmuseum (Bahnhofstraße 1) in Blumberg informiert über die Entstehung der Bahnstrecke und zeigt nostalgische Erinnerungsstücke.

91 Die Tettnanger Terrassen

Seeufer vergangener Tage

Vor 17.000 Jahren hatte Tettnang noch eine Touristenattraktion mehr als heute, nämlich ein Bodenseeufer zum Baden. Damals lag der Wasserspiegel des Sees viel höher, sodass er bis weit nach Oberschwaben, ins Allgäu und in die Schweiz hineinreichte. Hätte es das idyllische Städtchen Tettnang damals schon gegeben, hätten sich die Anwohner sicher sehr darüber gefreut – und die Tourismusexperten wahrscheinlich noch mehr!

Heute erinnert im Tettnanger Wald zwischen Fichten, Kiefern und Buchen auf den ersten Blick rein gar nichts mehr an das einstige Seenflair. Im Sommer ist es unter den Bäumen angenehm kühl, hier und da blüht ein leuchtender Roter Fingerhut, eine typische Pflanze der lichten Wälder, keine des feuchten Ufers. Erst auf den zweiten Blick kann man in der Waldlandschaft die Obere Tettnanger Terrasse deutlich ausmachen. Ihre Kante bildete einst das Bodenseeufer (für ungeübte Landschaftsblicker hilft die Informationstafel am Wegesrand).

Ein Moränenwall des Gletschers bei Hemishofen staute damals die riesigen Wassermassen des Bodensees auf und verhinderte ein Abfließen. Erst als die Stauwirkung dieses Moränenwalls mit dem Schmelzen des Eises nachließ, sank der Seespiegel und hinterließ eine terrassenförmige Kante in der Landschaft, die im Tettnanger Wald deutlich sichtbar ist. Der Waldboden selbst zeugt dort übrigens auch heute noch von der früheren Seenlandschaft, denn er besteht zum größten Teil aus Schotter, Kies und Sanden, die die Argen auf ihrem Weg in den Bodensee hier ablagerte, nachdem der Seespiegel gefallen war.

Das einstige Seeufer, an dem heute nur wenige Spaziergänger promenieren, ist allerdings nicht die einzige Sehenswürdigkeit im Tettnanger Wald. Unweit gibt es noch eine der wenigen Sanddünen aus vergangenen Tagen, die entstanden, als der kalte Wind über die karge Landschaft blies.

Adresse D-88069 Tettnang-Hagenbuchen | **Anfahrt** von Lindau oder Friedrichshafen über die B 31 und die B 467 nach Tettnang, am Kreisverkehr auf die L 333 Richtung Friedrichshafen und gleich danach links in die Langenargener Straße zum Ortsteil Hagenbuchen, dort nach dem Ortsausgang am Wanderparkplatz parken | **Tipp** Der Geowanderweg Tettnang führt an den wichtigsten geologischen Besonderheiten im Tettnanger Wald entlang und erklärt auf Schautafeln die Landschaftsgeschichte. Er wurde als Teil der ökologischen Ausgleichsmaßnahme für den genehmigten Kiesabbau im Wald errichtet.

92 Die Hopfengärten

Eigenwilliges grünes Gold

Wenn zur Sommersonnwende um den 21. Juni die Tage wieder kürzer werden, dann wissen die Hopfenpflanzen in den Hopfengärten rund um Tettnang, was zu tun ist. Ab jetzt heißt es für die zur Familie der Hanfgewächse gehörenden Schlingpflanzen: blühen. Botaniker nennen diesen natürlichen Anreiz Blühimpuls. Ohne ihn wäre die Pflanze irgendwie orientierungslos – so wie es ihre Artgenossen auf der Verkehrsinsel in Tettnang sind, die zur Zierde dort gesetzt wurden, umgeben von unzähligen Straßenlampen. Das künstliche Licht bringt die Pflänzlein so durcheinander, dass sie gar nicht erst blühen und sich damit auch nicht vermehren möchten!

»Eigenwillig« wäre wohl eine sehr passende Beschreibung für den Echten Hopfen, der zum Bierbrauen verwendet wird und dem typisch deutschen Getränk sein Aroma verleiht. Die Pflanze windet sich in bis zu acht Metern Höhe um die Holzpfosten und Drähte der Hopfengärten herum, allerdings immer nur in eine Richtung, nämlich rechtsherum. Ausnahmen gibt es nicht. Einfach haben es die Tettnanger Hopfenbauern nicht mit den ausschließlich weiblichen Pflanzen, die die aromatischen Dolden fürs Bierbrauen liefern. Würden sie befruchtet, gäbe es eine schlechte Ernte. Deshalb fahren die Landwirte regelmäßig etwa ins benachbarte Argental, um dort die männlichen, wild wachsenden Pflanzen in den Auwäldern auszumerzen.

Seit 170 Jahren prägt der Hopfenanbau die Landschaft rund um Tettnang, das dadurch überregional bekannt geworden ist. »Grünes Gold« nennen die Bauern ein bisschen ehrfürchtig und auch stolz die botanische Grundlage ihres Metiers.

Einen Einblick in die meterhohe Hopfenwelt erhält man am besten beim Spaziergang auf dem vier Kilometer langen Hopfenpfad. Vom Hopfenmuseum in Siggenweiler bis zur Kronen-Brauerei in Tettnang führt der Erlebnispfad, der den Anbau der eigenwilligen Pflanzen-Damen beschreibt.

Adresse Hopfenpfad beim Hopfenmuseum Tettnang, Hopfengut 20, D-88069 Tettnang-Siggenweiler | **Anfahrt** von Lindau oder Friedrichshafen über die B 31 und die B 467 nach Tettnang, von Tettnang die L 333 Richtung Wangen, circa 800 Meter nach Ortsende Tettnang links auf die K 7719 Richtung Siggenweiler abbiegen, kurz vor Ortseingang Siggenweiler links zum Hopfenmuseum abbiegen | **Tipp** Ende August / Anfang September kann bei einem Museumsbesuch im Tettnanger Hopfenmuseum die Hopfenernte live mitverfolgt werden (www.hopfenmuseum-tettnang.de).

93__Der Biber
Der beißt sich durch!

Einfach wird es nicht werden, den Biber beim Bauen zu beobachten. Er ist hauptsächlich nacht- und dämmerungsaktiv und außerdem auf der Hut! Wenn das possierliche Tierchen etwas hört oder
riecht, verkriecht es sich flugs oder kommt erst gar nicht aus seinem
Bau. Obwohl das größte Nagetier Europas also selbst meist nicht zu
sehen ist, hinterlässt es doch unverwechselbare Spuren in der Landschaft, die sein Dasein dokumentieren. Biberdämme, Biberhöhlen
und natürlich die sanduhrartig gefällten Bäume in seinem Revier sind
eindeutige Zeugen seines Wirkens.

Über 150 Jahre lang war davon leider wenig in der Landschaft zu
sehen, denn Castor fiber (lat.) wurde gnadenlos bis zur Ausrottung
verfolgt. Sein wärmendes Fell war heiß begehrt, ebenso das Biber-
geil, ein Drüsensekret, das die Tiere zum Markieren ihres Reviers
absondern. Es galt als Wundermittel zur Erhaltung der Mannes-
kraft. Und weil das Säugetier einen flachen, schuppigen, fischartigen
Schwanz hat und sich viel in Wassernähe aufhält, wurde es obendrein
kurzerhand den Fischen zugeordnet. Für Katholiken ein wahrhaft
nahrhaftes Missverständnis, das dazu führte, dass Biberfleisch zum
beliebten Fastengericht avancierte.

Nachdem der Biber um die Mitte des 20. Jahrhunderts aus weiten
Teilen Europas verschwunden war, ist er mittlerweile dank erfolgrei-
cher Wiederansiedelungsmaßnahmen in Bayern und der Schweiz
(und der Aufnahme in Artenschutzprogramme) auch in Oberschwaben wieder heimisch geworden. Entlang der Donau und ihrer Ne-
benflüsse hat er sein Revier zurückerobert und hilft nun wieder aktiv
mit, die hiesige Landschaft zu gestalten.

Sehr zur Freude der Naturschützer, aber nicht immer im Einver-
nehmen mit Land- und Forstwirten, Grundstückseigentümern und
Landschaftsplanern, denen angenagte Bäume, überschwemmte Ackerflächen und aufgestaute Bäche und Flüsse oft gar nicht ins Konzept
passen.

Adresse Biberlehrpfad, CH-8240 Thayngen sowie an den Flüssen rund um den Bodensee | **Anfahrt** bis zum Ende der A 81, dann auf der B 34 zur deutsch-schweizerischen Grenze, nach der Zollstation Ausfahrt Thayngen, parken am Bahnhof (kostenpflichtig!), der Biberpfad ist vom Bahnhof aus ausgeschildert | **Tipp** Im Museum zu Allerheiligen in Schaffhausen, Klosterstraße 16, sind unter anderem die zahlreichen Funde der ehemaligen Pfahlbausiedlung Thayngen-Weier ausgestellt (www.allerheiligen.ch). In Baden-Württemberg werden gezielt Biberfachberater ausgebildet, die im Ernstfall helfen, Biberkonflikte zu entschärfen. Sie können über die jeweiligen Landratsämter kontaktiert werden.

94__ Das Kesslerloch

Treffpunkt für Eiszeitjäger

Als Nomaden zogen sie durch die tundraartige, baumfreie Landschaft und jagten Rentiere, Wildpferde, Schneehasen und vereinzelt auch Mammuts und Wollnashörner. Die Eiszeitjäger der Magdalenienkultur lebten vor rund 18.000 bis 12.000 Jahren vor Christus im Jungpaläolithikum, als das Klima nach der Würmeiszeit wieder milder wurde und die Gletscher abzuschmelzen begannen. Zur gemeinschaftlichen Jagd trafen sie sich unter anderem im Kesslerloch bei Thayngen im Kanton Schaffhausen, davon zeugen die Funde von Tierknochen, Werkzeug und Kunstgegenständen aus der dadurch bekannt gewordenen Grotte. Die Höhle im nordöstlichen Ausläufer des Schweizer Jura liegt bei Thayngen im engen Fulachtal an der Bahnlinie Schaffhausen–Singen–Konstanz. Eine Steinsäule unterteilt die rund 200 Quadratmeter große Felsnische mit den zwei Öffnungen, die als Unterschlupf und Versteck schon damals bestens geeignet gewesen sein dürfte!

1873 entdeckte der Realschullehrer Konrad Merk die Höhle, ein Jahr später begann er mit den Ausgrabungen in und vor der Grotte. Der tonige Lehm am Höhlenboden hatte die Werkzeuge, Steingeräte und Tierknochen der Eizeitmenschen über zigtausend Jahre vor dem Zerfall bewahrt – ein Segen für die Wissenschaft!

Zum Vorschein kamen Lochstäbe, Meißel und Nadeln aus Knochen und Geweihresten sowie Harpunen, Speerschleudern mit raffinierten Widerhaken, jede Menge Geschossspitzen und Reste der Jagdbeute. Am bedeutendsten sind jedoch die Kunstgegenstände, die gefunden wurden: Ritzzeichnungen auf Lochstäben, Schmuckstücke aus Muscheln oder Tierzähnen sowie kleinere Gebrauchsskulpturen.

Besonders berühmt ist das »Suchende Rentier«, ein Lochstab aus Rentiergeweih, in den ein männliches Ren auf der Suche nach einem Weibchen eingraviert ist. Das Kesslerloch zählt damit zu den bedeutendsten Fundstellen von Siedlungsspuren der späten Eiszeit.

Adresse CH-8240 Thayngen | **ÖPNV** Mit der Bahn bis Thayngen, das Kesslerloch befindet sich circa 500 Meter entfernt vom Hauptbahnhof in westlicher Richtung an der Bahnstrecke Richtung Schaffhausen. | **Anfahrt** bis zum Autobahnende der A 81 fahren, dann auf der B 34 zur deutsch-schweizerischen Grenze, nach der Zollstation Ausfahrt Thayingen, dort von der Kesslerlochstraße über die Schaffhauserstraße bis zum Parkplatz mit Hinweisschild im Wald | **Tipp** Das »Suchende Rentier« ist im Rosgartenmuseum in Konstanz ausgestellt, weitere Ausgrabungen des Kesslerlochs sind in Schaffhausen im Museum zu Allerheiligen zu sehen (www.konstanz.de/rosgartenmuseum, www.allerheiligen.ch).

95__Das Lang- und das Kurzloch

Wo Lurchi ein Zuhause gefunden hat

Im Frühjahr ist eine Wanderung durch die beiden Felsgräben Langloch und Kurzloch im Kalkplateau bei Thayngen besonders empfehlenswert. Denn dann blühen in den Talsohlen Hohler Lerchensporn, Waldgelbstern und Wolfs-Eisenhut und machen einen Spaziergang in den tief eingeschnittenen Tälchen zum Gute-Laune-Frühlings-Erlebnis. Im Langloch liegt dann ein ganz leichter Duft nach Veilchen in der Luft, und der Waldboden ist fast teppichgleich mit Märzenbecher bedeckt. Diese in Deutschland streng geschützten giftigen Blumen aus der Familie der Amaryllisgewächse sind unter anderem auch deshalb so selten geworden, weil die hübschen weißen Blüten mit dem grünen Fleck an der Spitze gerne mal als Blumensträußchen mit nach Hause genommen werden – zur Freude des Sammlers, aber zum Leid der Natur! Typischerweise wächst der Märzenbecher auf nährstoffreichem, kalkhaltigem Untergrund und in feuchten Wäldern – das Langloch bei Thayngen bietet beides. Die durch Schmelzwasser des Rheingletschers in den Kalkuntergrund gegrabenen Schluchten wurden im Laufe der Jahrhunderte mit lockeren Gesteinsbrocken aufgefüllt, ganz oben lagert eine Schicht aus tonhaltigem Material, das den Talboden feucht hält und die Nährstoffe recht gut speichert.

In der Riß-Eiszeit reichte eine Gletscherzunge des riesigen Rheingletschers bis in die Region unmittelbar westlich von Thayngen. Das Schmelzwasser des Gletschers ergoss sich in Richtung Schaffhausen, wobei es tiefe Rinnen in den Weißen Jura grub. Das Langloch und das Kurzloch sind solche ehemaligen Schmelzwasserabflussrinnen.

Neben den botanischen Schön- und Besonderheiten bergen die Täler auch faunistische Raritäten: Hier leben Mittelspecht und Feuersalamander.

Adresse CH-8240 Thayngen | **Anfahrt** bis zum Autobahnende der A 81 fahren, dann auf der B 34 zur deutsch-schweizerischen Grenze, nach der Zollstation Ausfahrt Thayingen, nach dem Bahnübergang links bis zum Bahnhof (kostenpflichtige Parkmöglichkeit), ein markierter Wanderweg führt weiter | **Tipp** Der Morgetshofweiher und der Rudolfersee bei Thayngen zeugen wie das Lang- und das Kurzloch von der einstigen Vergletscherung der Gegend: Sie sind als Toteisseen aus zurückgebliebenen Eisresten entstanden und heute unersetzlicher Lebensraum für viele Tiere und Pflanzen.

96 Die Gletschermühle

Ein eiskalter Architekt

Bereits der Name »Gletschermühle« verweist auf die formende Gewalt der eisigen Giganten. Zwischen den Überlinger Ortsteilen Goldbach und Hödingen kann man diese runde, metertief in den Untergrund eingegrabene Hohlform bestaunen. Was aussieht wie eine riesige Sandgrube, wurde tatsächlich vom Rheingletscher während der letzten Kaltzeit geschaffen.

Nach seinem Rückzug vor rund 20.000 Jahren hinterließ der eiszeitliche Riese zahlreiche Spuren in der heutigen Landschaft wie etwa diese eindrucksvolle Gletschermühle bei Überlingen oder – oft gar nicht als Gletscherspur wahrgenommen – den Bodensee selbst!

Der geologisch korrekte Begriff für eine Einbuchtung im Gestein, die nach Abschmelzen des Gletschers sichtbar wird, ist eigentlich »Gletschertopf«, denn als Gletschermühlen werden die spiralförmigen Hohlformen im Eis bezeichnet. Entstanden ist der kesselförmige Trichter, der beachtliche Ausmaße von rund 20 Metern Durchmesser und zehn Metern Tiefe aufweist, durch das oberflächlich abfließende Schmelzwasser des Gletschers. Dieses schießt und sprudelt durch Gletscherspalten hinab und führt dabei Felsbrocken, Steine, Geröll und Kiese aller Korngrößen mit sich. Sie geraten in eine Strudelbewegung mit Wassergeschwindigkeiten von mehreren hundert Kilometern pro Stunde und einem enormen Druck. Dadurch wird im Eis mühlenartig ein spiralförmiger Hohlraum geschaffen, der so tief reicht, dass er den Untergrund mitverformt. Zieht der Gletscher sich zurück und schmilzt ab, bleibt als Zeugnis des strudelnden Sogs im felsigen Untergrund eine trichterartige oder ovale Landschaftsform zurück.

Unweit des eisigen Zeugnisses fällt der Hang steil über die Kante des Katharinenfelsens, der seit 1989 namensgebend für das umgebende Naturschutzgebiet ist, zum Überlinger See ab und eröffnet einen unvergesslichen Blick auf den Bodensee.

Adresse zwischen D-88662 Überlingen-Goldbach und Überlingen-Hödingen, circa 50 Meter nördlich der B 31 | **Anfahrt** ab Autobahnkreuz Hegau den Schildern Lindau / Friedrichshafen / Stockach folgen, bei Stockach-Ost auf die Seestraße B 31 Richtung Überlingen fahren, in Überlingen-Goldbach auf der K 7772 Richtung Spetzgart / Hödingen halten, direkt nach der Brücke über die B 31 links nach Brünnensbach abbiegen und zu Fuß durch den Weinberg zum grünen Hügel gehen | **Tipp** Bei einer Wanderung von Sipplingen nach Überlingen kann man neben der Gletschermühle auch die sieben Churfirsten sowie den Hödinger oder den Spetzgarter Tobel besuchen.

97 Die Heidenhöhlen Goldbach

Beste Wohnlage

Wer sie nicht kennt, der rauscht vermutlich ohne einen Blick nach oben auf der alten Bundesstraße 31 zwischen Sipplingen und Überlingen an ihnen vorbei. Beziehungsweise an dem, was noch übrig ist von den Heidenhöhlen im Fels beim Überlinger Stadtteil Goldbach. Diese sorgfältig in den weichen Molassestein gehauenen Felswohnungen stammen aus dem Mittelalter – von wem und warum sie angelegt wurden, ist noch heute unklar. Eines jedoch ist sicher: Die Aussicht von dort oben muss gigantisch gewesen sein. Premiumwohnlage am See, nichts verdeckte den Blick auf das Wasser. Denn die steile Wand, in die die Höhlen geschlagen wurden, fiel direkt und fast senkrecht zum See ab. Bei Niedrigwasser führte ein schmaler Weg Richtung Sipplingen, bei Hochwasser waren die Wohnungen nur mit dem Boot erreichbar. Im Fels verbanden Gänge und Türöffnungen die Räume miteinander. Nachdem die ursprünglichen Bewohner, aus welchen Gründen auch immer, ausgezogen waren, standen die Höhlen lange leer. Eine Kolonie der als ausgestorben geltenden Waldrappen brütete im 17. Jahrhundert wohl noch dort.

Heute ist nicht mehr viel von den Höhlen übrig, der Bau der Bodensee-Uferstraße und späteren Bundesstraße 31 führte dazu, dass man Teile des Felsens wegsprengte und damit auch die Höhlen zerstörte. Von der Straße aus sieht man noch den verwachsenen und heute als Kulturdenkmal geschützten Eingang einer Höhle, sie ist jedoch nicht mehr zugänglich.

Die Steilwand wurde von den damaligen Architekten sicher bewusst als Domizil ausgesucht, denn der Glaukonitsandstein eignet sich hervorragend zum Höhlenbau. Die weichen Schichten wurden abgetragen, die harten dienten als stabile Wände und Decken. Der Höhlenbau hat dieser Gesteinsschicht dann auch den Namen »Heidenlöcher-Schicht« beschert.

Adresse an der B 31 zwischen D-88662 Überlingen-Goldbach und D-78354 Sipplingen | **Anfahrt** A 98 bis Stockach-Ost, von dort weiter auf der Seestraße B 31 Richtung Lindau / Friedrichshafen. Die Heidenhöhlen befinden sich direkt an der B 31. | **Tipp** Der Überlinger Stadtgarten zählt zu den schönsten botanischen Gärten am Bodensee und beeindruckt Besucher mit seiner Artenvielfalt und dem malerischen Ausblick.

98__Der Hödinger Tobel

Blühende Vögel

Welches Bild hat man vor Augen, wenn man den Namen »Rotes Waldvöglein« hört? Die meisten stellen sich wohl einen kleinen Vogel vor, der an irgendeiner Stelle rot ist und im Wald lebt. Doch weit gefehlt: Das Rote Waldvöglein ist eine Pflanze, besser gesagt eine der auffälligsten Orchideenarten unserer Breiten. Ihre rosa bis leuchtend lila Blüten erinnern an einen fliegenden Vogel, daher rührt der Name der Cephalanthera rubra (lat.). So auffällig ihr Erscheinungsbild auch sein mag, oft findet man diese grazile Orchideenart in unseren Wäldern heute nicht mehr. Sie ist rar geworden und steht unter strengem Schutz.

Wer Glück hat, kann das Rote Waldvöglein jedoch in den lichten Buchenwäldern des Hödinger Tobels von Ende Mai bis Ende Juli blühen sehen.

Dort, wo sich der Tobelbach auf rund zwei Kilometern tief in das Überlinger Molassegebiet eingeschnitten hat, findet sich stellenweise an den Hängen noch ursprünglicher Buchenwald, in dessen Unterwuchs seltene Orchideen vorkommen. Dies ist ein Grund, weshalb der Tobel seit 1938 unter Naturschutz steht. Eine weitere Besonderheit ist der lichte Kiefernwald im 28 Hektar großen Naturschutzgebiet. Normalerweise kann sich die Kiefer in unseren Wäldern nur schwer behaupten und wird meist schnell von Laubbäumen verdrängt. An nur wenigen extremen Standorten im deutschen Südwesten – wie hier auf den kargen Felsbändern und deren flachgründiger, nährstoffarmer Umgebung am Hödinger Tobel – hat sich ein Geißklee-Kiefernwald entwickelt.

Nach der letzten Eiszeit hat die Wasserkraft des Tobelbachs ein schluchtartiges Tal geformt, das den Bach heute rund 170 Meter Höhenunterschied auf nur zwei Kilometern überwinden lässt. Ein schmaler, aber recht anspruchsvoller Weg führt durch den Tobel, welcher der weit besser besuchten Marienschlucht auf dem gegenüberliegenden Seeufer in nichts nachsteht.

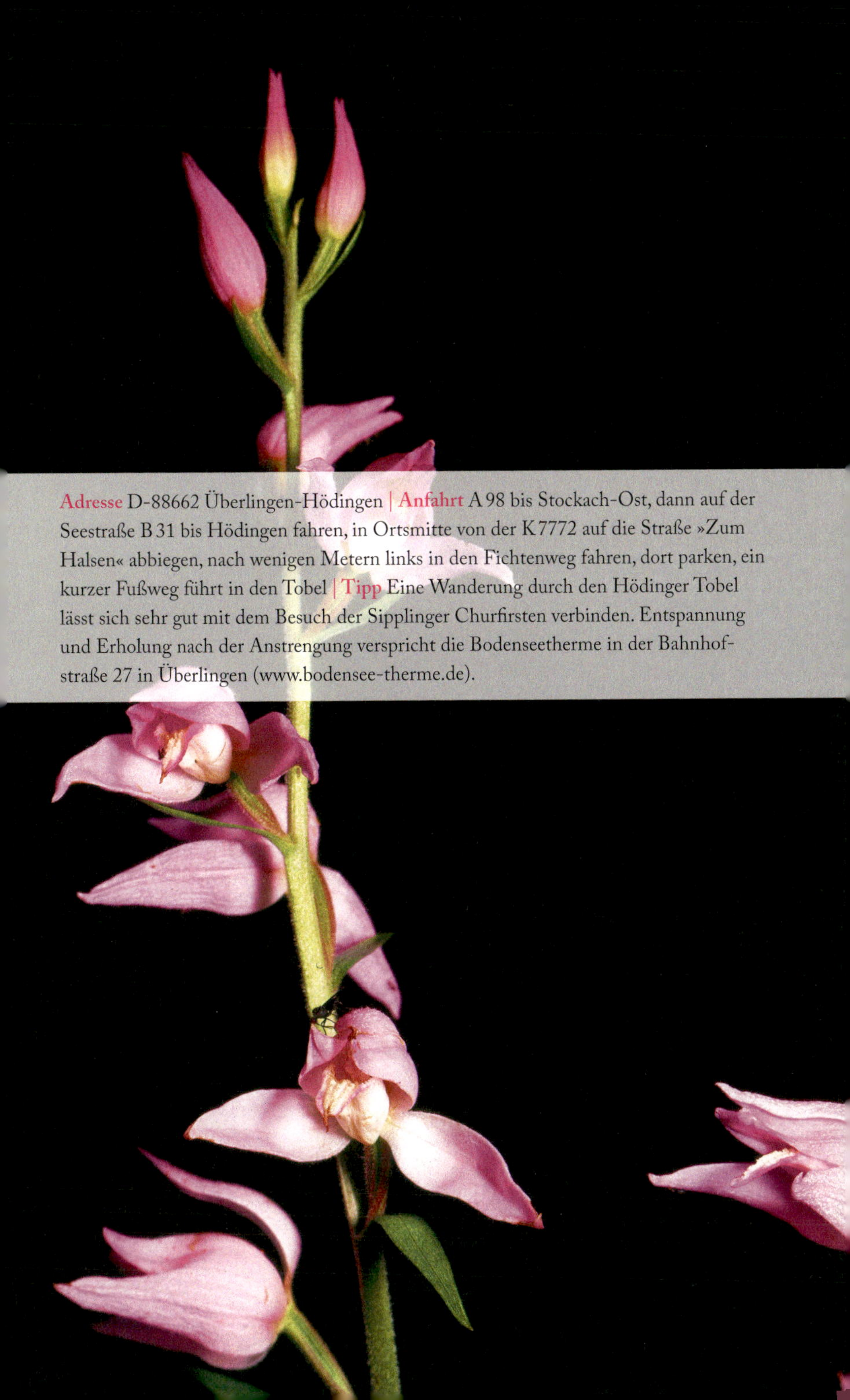

Adresse D-88662 Überlingen-Hödingen | **Anfahrt** A 98 bis Stockach-Ost, dann auf der Seestraße B 31 bis Hödingen fahren, in Ortsmitte von der K 7772 auf die Straße »Zum Halsen« abbiegen, nach wenigen Metern links in den Fichtenweg fahren, dort parken, ein kurzer Fußweg führt in den Tobel | **Tipp** Eine Wanderung durch den Hödinger Tobel lässt sich sehr gut mit dem Besuch der Sipplinger Churfirsten verbinden. Entspannung und Erholung nach der Anstrengung verspricht die Bodenseetherme in der Bahnhofstraße 27 in Überlingen (www.bodensee-therme.de).

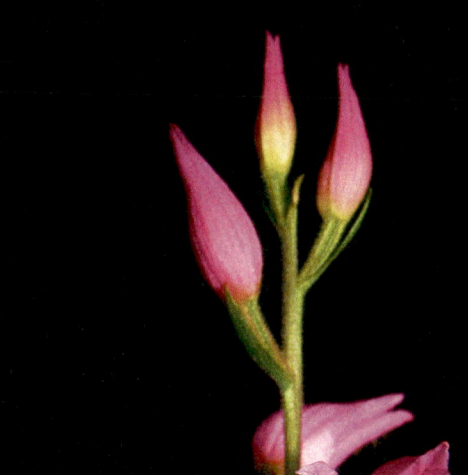

99 Der Aachtobel

Maria sei Dank

Keine Straße, keine Strommasten, kein Fahrradweg. Nur ein kleiner, schmaler Wanderweg durchquert den idyllischen Aachtobel, eines der ältesten Naturschutzgebiete Deutschlands. Während der letzten Eiszeit hat sich die Linzer Aach auf rund zwei Kilometern bis zu 120 Meter tief in den weichen Molassefels eingeschnitten und das schluchtartige Tal mit seinen unberührten Wäldern bei Hohenbodman geschaffen. Lianenartige Waldreben verleihen dem Schluchtwald an den Hängen einen ursprünglichen Charakter; seltene Kostbarkeiten wie der Märzenbecher mit seinen weißen, glockenförmigen Blüten oder die lila-blau blühende Frühlingsblatterbse gedeihen in dem geschützten Tal. Und auch der raffinierte, sehr giftige Aronstab aus der Pflanzenfamilie der Aronstabgewächse wächst hier. Raffiniert deshalb, weil die Pflanze mit ihrer außergewöhnlichen, nach Aas stinkenden Blüte Mücken und Insekten anlockt, die durch die Blütenform wie in eine Falle ins Innere an den Blütenstempel der Pflanze gelockt werden und so zur Befruchtung und Vermehrung beitragen.

Folgt man dem Wanderpfad durch den Tobel, begibt man sich gleichzeitig auf eine Art Pilgerreise. Denn die kleine, am südlichen Rand des Aachtobels gelegene Kapelle Maria im Stein war einst beliebtes Wallfahrtsziel. Der Legende nach wurde sie vom Kreuzritter Albero von Bodman gegründet, als dieser nach seiner langen, angeblich nur durch jungfräuliche Muttergotteshilfe geglückten Flucht aus türkischer Gefangenschaft heimkehrte und seine Heimatburg erblickte. Im 18. Jahrhundert war die Blütezeit der Wallfahrt, im Tobel wurde zum Gnadenbild der »Trösterin der Betrübten« gebetet.

Heute ist »die Trösterin« in der Lippertsreuter Pfarrkirche zu bestaunen, die Wallfahrtskapelle wurde nach ihrer Schließung Anfang des 19. Jahrhunderts nach dem Zweiten Weltkrieg in ihrer heutigen Erscheinung wieder eingerichtet.

Adresse nördlich von D-88662 Überlingen-Lippertsreute, östlich von D-88696 Owingen-Hohenbodman | **Anfahrt** A 98 bis Stockach-Ost, weiter auf der B 31n nach Überlingen, auf die L 200 abbiegen Richtung Pfullendorf und bis Lippertsreute fahren, weiter auf der K 7769 Richtung Herdwangen-Schönach zum Wanderparkplatz bei den Steinhöfen, ein kaum sichtbarer Wanderwegweiser zeigt »Maria im Stein« an | **Tipp** Über einen schmalen Steg können mehrere Höhlen im Molassefelsen oberhalb der Wallfahrtskapelle im Aachtobel erreicht werden.

100 Das Bodenseewasser

Ein reines Vergnügen

Unglaublich, aber wahr: Streng genommen baden Millionen Baden-Württemberger jeden Tag im Bodensee! Schon morgens nach dem Aufstehen müssen sie dafür nur den Wasserhahn aufdrehen. Denn mit dem Wasser des Bodensees werden über vier Millionen Menschen in 320 südwestdeutschen Städten und Gemeinden von Sipplingen bis Bad Mergentheim mit Trink- und damit auch Duschwasser versorgt.

Die Qualität ist hervorragend, auch weil fast die Hälfte des Einzugsgebietes des Sees in den Alpen auf über 1.500 Metern liegt. Dort oben gibt es weder Industrie noch Landwirtschaft, die das Wasser verunreinigen könnten. Chemisch-physikalisch ist es also bereits Trinkwasser, für die Haushalte in Baden-Württemberg muss es nur noch aufbereitet werden. Das geschieht seit 1958 in den Anlagen der Bodenseewasserversorgung auf dem Sipplinger Berg. Aus 60 Metern Tiefe wird das kühle Nass auf den 310 Meter hohen Berg gepumpt. Dort kommt es im Quelltopf erstmals ans Tageslicht und wird dann desinfiziert, mikrogesiebt und filtriert.

Obwohl die Deutschen mit dem Wasser im internationalen Vergleich sparsam umgehen, stellt sich die Frage, ob der Bodensee nicht irgendwann leer getrunken sein wird. Schließlich kommen zu den vier Millionen Baden-Württembergern noch gut fünf Millionen weitere Menschen, die aus anderen Entnahmestellen am See mit Wasser versorgt werden. Doch keine Sorge: Die Trinkwasserentnahme von 125 Millionen Kubikmetern ist vergleichsweise gering verglichen mit den 11,5 Milliarden Kubikmeter Wasser, die dem See jährlich zufließen. Selbst die Verdunstung ist höher als die Wasserentnahme.

Dass so viele Menschen am und gleichzeitig vom Wasser leben können, ist alles andere als selbstverständlich. Dafür ist nicht nur das klare Alpenwasser verantwortlich, vor allem tragen die zahlreichen länderübergreifenden Maßnahmen zur Wasserreinhaltung dazu bei.

Adresse Zweckverband Bodensee-Wasserversorgung, Förder- und Aufbereitungsbetrieb, Sipplinger Berg, D-88662 Überlingen-Nesselwangen, www.zvbwv.dc | **Anfahrt** A 98 bis Stockach-Ost, von dort weiter auf der B 31n Richtung Überlingen bis Überlingen-Nesselwangen, auf ausgeschildertem Weg weiter zum Zweckverband Bodensee-Wasserversorgung | **Öffnungszeiten** nur mit Führung Mai–Okt. Mi 15.30 Uhr, Anmeldung erforderlich: Tel. 07551/9499370, weitere Führungen für Gruppen nach Terminvereinbarung | **Tipp** Die Wasserentnahmestelle befindet sich zwischen Sipplingen und Hödingen in einer Sperrzone im See (durch Bojen gekennzeichnet), in der Schwimmen, Tauchen und Bootfahren verboten ist. Seit einem Giftanschlag auf das Trinkwasser im Jahr 2005 wurden die Sicherheitsmaßnahmen durch eine noch bessere Überwachung der Wasserentnahmestelle verschärft.

101_ Der Schnegglisand

Des Bodensees weißes Geheimnis

Auf den ersten Blick ist es nur ein gewöhnlicher Maulwurfshügel, der auf einem flachen grasigen Wall im Wollmatinger Ried aufge-schüttet wurde. Doch bei genauerem Hinsehen entdeckt man viele seltsam leichte weiße Kieselsteine in der lockeren gräulichen Erde, die teilweise sogar ein Schneckenhaus im Kern tragen. Was der Maulwurf hier zutage gefördert hat, ist Schnegglisand, eine Beson-derheit am Bodensee.

Übersetzt werden kann das Wort mit Schneckensand, und wie der Name schon sagt, besteht das grobkörnige Sediment aus mit Kalk umzogenen Schneckenhäuschen und Muschelresten. Entstan-den sind die Kalkknollen durch die Aktivität von Blaualgen im See selbst, zu einer Zeit, als dieser eine noch viel größere Fläche im Al-penvorland einnahm als heute.

Die Blaualgen verbrauchen bei der Fotosynthese – wie alle Pflan-zen – Kohlendioxid, das sie dem Wasser entnehmen. Dabei wird Kalk ausgefällt. Der legt sich dann über Steinchen, Schneckenhäu-ser und Muschelreste und bildet langsam eine dicke Kalkkruste. Die Brandung des Sees hat die Kalkknollen dann ans Ufer transportiert und dort zu meterhohen Strandwällen aufgetürmt. Diese kann man heute – teils viele Meter landeinwärts – am Untersee parallel zum Ufer in der Landschaft entdecken. Selbst bei Hochwasser ragen vie-le der bewachsenen Hügel noch heraus. Im Wollmatinger Ried, auf der Halbinsel Mettnau, aber auch auf der Hornspitze der Höri mar-kieren diese Strandwälle so den Verlauf des früheren Seeufers. Er-kennen kann man sie – wenn kein Maulwurf das Innerste nach au-ßen kehrt – unter anderem an ihrer typischen Vegetation. Denn die lockeren Böden aus dem kalkigen, grobkörnigen Schnegglisand spei-chern kaum Wasser und beherbergen deshalb besonders wärme- und trockenheitsliebende Pflanzen. Dazu gehören etwa die Ästige Gras-lilie, die Gewöhnliche Küchenschelle, der Frühlings-Enzian oder auch der Schwalbenwurz-Enzian.

Adresse an den Ufern des Untersees etwa im Wollmatinger Ried, an der Hornspitze der Höri und auf der Halbinsel Mettnau bei Radolfzell | **Tipp** Führungen zum Schnegglisand bieten die Naturschutzzentren Mettnau und Wollmatinger Ried. Vor der Halbinsel Mettnau befindet sich die 2.620 Quadratmeter große, heute unter Naturschutz stehende, unbewohnte Liebesinsel, die Drehort für den Heimatfilm »Die Fischerin vom Bodensee« war.

102 Der Bussen

Das Heiligtum Oberschwabens

Dass gerade vor der Wallfahrtskirche auf dem Bussen ein Strauch Pfaffenhütchen wächst, kann doch kein Zufall sein! Da die Kapselfrucht der auffälligen, hochgiftigen Pflanze aus der Familie der Spindelbaumgewächse einem Birett gleicht, also einer Kopfbedeckung katholischer Geistlicher, wird sie gemeinhin als Pfaffenhütchen bezeichnet. Und wo wäre dieser Strauch besser platziert als vor der wahrscheinlich bedeutendsten Wallfahrtsstätte Oberschwabens auf einem als heilig deklarierten Berg!

Der Bussen ist nicht irgendein Berg in Oberschwaben. Er ist eine weit sichtbare Landmarke und gleichzeitig Aussichtspunkt mit oft ungetrübter Weitsicht. Er ist lebendige Wallfahrtsstätte, Identifikationssymbol für die oberschwäbische Heimat und Denkmal für die lange Geschichte der Region. Bereits die Kelten zelebrierten auf dem Bussen ihre Fruchtbarkeitsrituale. Als heiliger Berg Oberschwabens macht er die Menschen zu seinen Füßen stolz und ist damit wichtiger Teil der oberschwäbischen Identität.

Je nachdem, von welcher Seite man den Berg bestaunt, zeigt er ein unterschiedliches Gesicht. Die Nordseite fällt steil und markant ab, während sich die Südseite sanft und geschmeidig in die Landschaft einfügt. Die Wallfahrtskirche ragt hell, strahlend und unübersehbar am südwestlichen Ende auf. Dort wird die schmerzhafte Muttergottes seit dem 16. Jahrhundert verehrt. Traditionell pilgern etwa am Pfingstmontag die Männer mit ihren Familien dorthin. Verheiratete Paare beten in der Kirche für ein »Bussakindle«, also für Nachwuchs.

767 Meter misst der Bussen – das waren ein paar Meter zu viel für die riesigen Gletscher der Eiszeit. Sie schafften es nicht, den Berg zu überrollen, sondern schmiegten sich um ihn herum und nahmen ihn in die Zange. Rundherum wurde er vom Eis abgeschliffen, verformt und modelliert, nur der lang gestreckte Grat ragte immer oben heraus.

Adresse D-88524 Uttenweiler-Offingen | **Anfahrt** B 30 Ulm / Ravensburg / Friedrichshafen bis Biberach, dort auf die B 312 Richtung Reutlingen wechseln und bis Haitingen fahren, auf der K 7540 bis Offingen am Südhang des Berges fahren, den Schildern zum Parkplatz an der Kirche auf dem Berg folgen | **Tipp** Ein dreiviertelstündiger Schöpfungsrundweg führt einmal um den Berg, anhand von sieben Tafeln wird je auf einen Moment der Schöpfung hingewiesen. Ein Zitat aus der Bibel oder ein Weisheitsspruch ergänzen den Hinweis.

103 Die Waldburg

Geschichte on the rocks

Als ob man Erdaushub gesammelt und eine Burg obendrauf gesetzt hätte – so sieht aus einiger Entfernung die Burg im oberschwäbischen Waldburg im Landkreis Ravensburg aus. Die Anlage auf einer Höhe von 772 Metern ist ein bis heute markanter, weithin sichtbarer Hingucker und das Wahrzeichen Oberschwabens. In der sehr gut erhaltenen Burg aus dem Mittelalter, wo einst die Reichsfürsten von Waldburg gespeist, gefeiert, geschlafen und geherrscht haben, kann man heute im Museum mehr zur Geschichte des Hauses Waldburg und der Landesvermessung erfahren. Denn im 19. Jahrhundert nutzten die Landvermesser die herausragende Lage der Burg und setzten einen wichtigen Vermessungspunkt darauf.

Doch nicht nur die Burg on top, auch der seltsam geformte Hügel darunter hat seine Geschichte. Und die geht viel weiter zurück als die der von Waldburgs. Die Anlage wurde auf einem Drumlin erbaut, einem vom Gletscher geformten Höhenrücken. Dabei handelt es sich um zusammengeschobenes, teils gepresstes Geröllmaterial, das unter den bewegten Eismassen zu einem Hügel geformt wurde. Drumlins sind typischerweise mehrere 100 Meter lang und bis zu zehn Meter hoch, in Ausnahmefällen auch mal höher. Die Basis für ihre Entstehung war meist irgendein Felsbrocken oder eine Steigung, die sich dem Gletscher am Boden erfolgreich in den Weg stellten. Beim Fließen des Eises wurde das Grundmoränenmaterial dann an der kleinen »Störung« verfestigt und in die typische elliptische Form verzogen. In welche Richtung sich der Gletscher bewegt hat, lässt sich noch heute gut an dem Hügel erkennen, denn die stromlinienförmigen Drumlins liegen mit ihrer Längsachse immer in Eisstoßrichtung. Meistens kommen sie auch nicht alleine vor, sondern in Gruppenformation, in einem sogenannten Drumlinfeld. Um die Waldburg herum gibt es weitere Drumlins, wie etwa den Drumlin Kohlenberg oder den Drumlin Sauterbühl (Sutterbühl).

Adresse Schloß 1, D-88289 Waldburg | **Anfahrt** A 96 bis Wangen-West, weiter auf der B 32 Wangen–Ravensburg, in Rothheidlen abbiegen und auf der L 326 nach Waldburg fahren und den Hinweisschildern (und dem Auge) zur Burg folgen | **Tipp** Wer einmal wie ein mittelalterlicher Reichsfürst speisen will, der kann auf der Waldburg ein Rittermahl im Rittersaal zu sich nehmen. Zum Empfang gibt es einen Fanfarenzug, als Aperitif einen Met, und im Hintergrund ertönt mittelalterliche Musik (www.ritteressen-waldburg.de).

104__ Die Neue Kunst am Ried

Ein natürliches Meisterwerk

In ein paar Jahrzehnten wird von dem hohen Turm beim Ruhestetter Ried fast nichts mehr zu sehen sein. Dann wird nur ein kunstvoll lebendiger Weidenbaum die Landschaft zieren. Natürlich unnatürlich wirkt der Riese momentan. Mit seinen sechs Plateaus, die zwischen noch lichte Weidenzweige gebettet sind, scheint er irgendwie fremd, ist aber doch eins mit seiner Umgebung. Er ist ein Unikat und wird es auch immer bleiben. Denn was die Architekten des baubotanischen Instituts der Universität Stuttgart konstruiert und begonnen haben, vollendet die Natur selbst auf ihre ganz eigene Weise.

Der Weidenturm in der acht Hektar großen Freiluft-Kunstgalerie am Ruhestetter Ried ist eine Art Versuchskaninchen einer noch sehr jungen Fachdisziplin im Rahmen der modernen Architektur. Baubotanik heißt sie und beschäftigt sich damit, wie durch technisch-statische Raffinesse und pflanzliches Wachsen lebende Türme, Brücken und Häuser konstruiert werden können. Natürlich schön, natürlich abbaubar und mit jeder Menge Raum für tierische Mitbewohner. Das Ganze ist eine Kunst für sich. Und genau als solche wird sie im Ruhestetter Ried auch gehandelt.

»Neue Kunst am Ried« nennen Susanne und Cornelius Hackenbracht ihre Aktion, bei der Kunst nicht einfach ausgestellt wird, sondern sich als fester Bestandteil in die Riedlandschaft einfügt. Dafür hat das Künstlerehepaar 1996 ein ehemaliges Bauernhaus und ein riesiges Wiesenbiotop darum herum erworben, das nun als Naturgalerie dient. Neben Skulpturen der beiden Künstler ergänzen die baubotanischen Prototypen die Aktion.

Der Niedermoorkomplex des Ruhestetter Rieds im flachen Talraum der Salemer Aach ist zwar auch ohne die Kunstobjekte ein reizvolles Domizil, durch die mittlerweile schon recht bekannte Aktion werden aber immer wieder auch Menschen an die schützenswerte Riedlandschaft herangeführt, die es sonst wahrscheinlich nicht dorthin gezogen hätte.

Adresse Riedstraße 26, D-88639 Wald-Ruhestetten | **Anfahrt** auf der B 313 / B 31 durch Stockach Zentrum, dort der Beschilderung Richtung Pfullendorf L 194 folgen, auf der L 194 bis Wald-Ruhestetten fahren, kurz davor, an den Bohlerhöfen (grünes Ortsschild), rechts abbiegen und diese durchfahren; die Straße circa 100 Meter bergab, dann zweimal rechts, am Haus des Künstlerehepaars Hackenbracht parken | **Tipp** Im umgebauten ehemaligen Heuboden des Hackenbracht'schen Bauernhauses finden regelmäßig Ausstellungen und Vernissagen des Künstlerehepaars und von eingeladenen Künstlern statt (www.neue-kunst-am-ried.de).

105__ Die Rastplätze

Schleichende Reporter

Im Gegensatz zu den Menschen, die auf der A 96 heute meist rasend ihr Ziel in Richtung München erreichen, waren die riesigen Felsblöcke aus den Alpen vor rund zwei Millionen Jahren doch bedeutend langsamer unterwegs. Zwischen 100 und 300 Jahren brauchten die tonnenschweren Steinbrocken für ihren teils 200 Kilometer langen Weg an die Autobahnraststätten Ettensweiler beziehungsweise Humbrechts, wo sie in einem Findlingsgarten für vom Rasen Rastende heute ausgestellt sind.

Kein Wunder, dass die Steine so vergleichsweise langsam vorankamen: Die alpinen Felsklötze hatten ja kein motorisiertes Transportfahrzeug, sie waren auf die Eismassen der Gletscher angewiesen. Diese Gletscher drangen während der Eiszeit bis weit ins Alpenvorland ein und brachten allerlei Geröll, Sand und Steine mit. Als es wieder wärmer wurde, blieben diese Mitbringsel im Alpenvorland als Grund-, End- oder Seitenmoränen liegen. Heute findet man deshalb vor allem in Oberschwaben noch viele große Steinbrocken, sogenannte Findlinge, die von den Eismassen dorthin transportiert wurden. Beim Bau der Autobahn A 96 zwischen 1987 und 1989 wurden die riesigen erratischen Blöcke zwischen der Unteren und der Oberen Argen in einer Grundmoräne geborgen und dann mit Hilfe von ebenfalls tonnenschwerem Gerät an die Rastplätze unterhalb der Anschlussstelle Wangen-West transportiert. Die Steine selbst gaben Auskunft darüber, woher sie ursprünglich stammten, und entsprechend wurden sie beschriftet. Beim Rasten trifft man deshalb jedes Mal auf dieselben versteinerten, weit gereisten Gäste etwa aus Arosa in der Schweiz, Sulzfluh an der schweizerisch-österreichischen Grenze oder aus Liechtenstein.

Wer übrigens gern wissen möchte, welchen Weg die Eismassen genau nahmen, der kann heute ganz einfach auf der A 96 Richtung Memmingen fahren. Denn die Autobahn liegt genau in Eisstoßrichtung der einstigen Gletscherzunge.

Adresse Rastplätze Ettensweiler und Humbrechts an der Autobahn A 96, bei
D-88239 Wangen im Allgäu | **Anfahrt** A 96 München / Lindau bis zu den Rastplätzen
Ettensweiler (gen Süden) und Humbrechts (gen Norden) circa drei Kilometer südlich
der Autobahnausfahrt Wangen-West fahren | **Tipp** In Wangen-Karsee führt ein
Skulpturenpfad rund um den Karsee, der mit (immer mal wieder wechselnden) Kunst-
objekten namhafter regionaler und überregionaler Bildhauer die Landschaft gekonnt in
Szene setzt (Parkplatz Festhalle, Seestraße).

106_ Die Hausbachklamm
Wie aus dem Lehrbuch

Die Wasseramsel kann etwas ganz Besonderes: Außer fliegen und singen kann sie auch schwimmen und tauchen. Die letzteren beiden Talente sind nicht selbstverständlich für Singvögel, für die Wasseramsel aber sind sie überlebensnotwendig. Denn die Larven der Köcher- und Eintagsfliegen, von denen sie sich hauptsächlich ernährt, kleben meist unter den Steinen in fließenden Gewässern. In diese muss der starengroße Vogel erst einmal eintauchen, um seine Beute zu ergattern. Sein Revier sind klare, schnell fließende Flüsse, an denen er seine besondere Begabung bestens ausleben kann, so wie etwa die Hausbachklamm nahe Weiler im Allgäu.

Kleine Wasserfälle und Wehre inmitten eines schattigen Schluchtwaldes, dazu der sanft plätschernde, teils wild rauschende Hausbach, der sich vor allem im Mittelabschnitt der Klamm tief in die Gesteinsschichten eingeschnitten hat, bieten einen Lebensraum wie aus dem Lehrbuch für das außergewöhnliche Vögelein. Singen kann die Wasseramsel ja auch, allerdings meist nicht laut genug! Denn der rauschende Bach übertönt das zarte Stimmlein meist. Wer also aufmerksam das romantische Tal des Hausbaches entlangwandert, kann die Amsel zwar nicht hören, mit etwas Glück aber auf den moosbewachsenen Steinen im Wasser ausruhen oder im Fluss gar tauchen sehen.

So wie man der Wasseramsel das Schwimmen nicht zugetraut hätte, so kann man sich an schönen Sommertagen auch nicht vorstellen, wie der sanfte, ruhige Hausbach mit seinen schönen Auswaschungen die Klamm bei Weiler geschaffen hat. Sein kühles Wasser und die kleinen Strudellöcher laden zum Füßebaden ein, mit kleinen Steintürmchen im Wasser haben vermutlich Wanderer ein Andenken hinterlassen.

Bei Hochwasser allerdings verändert das nur fünf Kilometer lange Fließgewässer schlagartig sein Gesicht, dann wird der Hausbach zum rauschenden Wildbach.

Adresse D-88171 Weiler-Simmerberg | **Anfahrt** A 96 bis Ausfahrt Sigmarszell, auf der B 308 Richtung Scheidegg, Scheidegg passieren und auf der B 308/Alpenstraße bis zum Gemeindeverbund Weiler-Simmerberg fahren, im Teilort Weiler startet der Zugang direkt hinter der Pfarrkirche St. Blasius | **Tipp** Eine Wanderung durch die Hausbachklamm lässt sich hervorragend mit einem Besuch des Wildrosenmooses kombinieren. Ein markierter, grenzüberschreitender Wanderweg startet in Weiler durch die Hausbachklamm und führt direkt ins Wildrosenmoos. Endpunkt ist Sulzberg in Österreich.

107 Der Barbarossastein

Des Kaisers Wiege

Für die zehn Pferde war das Unterfangen im Winter 1909/10 ganz sicherlich kein Zuckerschlecken! Sie mussten den riesigen Felsbrocken, der von den Gletschern der Eiszeit mühelos bis ins Alpenvorland nach Vogt transportiert worden war, mühevoll auf Geheiß der Ortsgruppe Weingarten des Schwäbischen Albvereins durch den Haslachwald ziehen. Ziel war der 70 Meter lange und 25 Meter breite Grat im Wald hoch über der Scherzach im sogenannten Lauratal zwischen Weingarten und Schlier. Dort wollten die heimatverbundenen Wanderfreunde dem ehemaligen Kaiser des römisch-deutschen Reiches ein Denkmal setzen. Denn angeblich wurde Friedrich I. aus dem Adelsgeschlecht der Staufer, der seines roten Bartes wegen nur Barbarossa genannt wurde, dort im unwirtlichen Gebiet auf der Haslachburg um 1122 geboren. Viele Quellen, die das bezeugen, gibt es zwar nicht, und die, die es gibt, sind teils brüchig. Aber da auch kein anderer eindeutig belegter Geburtsort des ehemaligen Herzogs zu Schwaben existiert, wurden mit dem Hinaufhieven des Steins auf einen Betonsockel einfach felsenfeste Tatsachen geschaffen. Ein Reliefporträt Barbarossas mit Krone und Rauschebart ziert den Findling, der Betonsockel wurde mit einer Tafel versehen, auf der ein Zehnzeiler jegliche Zweifel am Standort des Kaisers Wiege ausräumen soll.

Am 19. Juni 1910 wurde das Barbarossadenkmal dann feierlich eingeweiht, und bis heute erinnert es im Wald an die Stelle, wo einst die geschichtsträchtige Haslachburg mit der Wiege des rotbärtigen römisch-deutschen Kaisers gestanden haben soll. Anhand des Gedichtes werden Wanderer zum Verweilen angehalten, um des ersten Staufers auf dem Kaiserthron zu gedenken.

Den Waiblingern in der entfernten Region Stuttgart dürfte der versteckt liegende Gedenkstein im Wald wohl eher ein Dorn im Auge sein, rühmt sich die Kreisstadt an der Rems doch auch gerne, der Geburtsort Barbarossas zu sein.

Adresse D-88250 Weingarten | Anfahrt B 30 Ulm / Friedrichshafen bis Ausfahrt
Weingarten, durch Weingarten fahren und auf der L 317 Richtung Wolfegg halten,
von dieser Straße zweigt noch in Weingarten die K 7948 nach Schlier ab, dieser bis zum
Wanderparkplatz folgen und zu Fuß circa 700 Meter weiter und dann die Stufen hoch zum
Barbarossastein nutzen | Tipp Auch wenn von der Haslachburg über der Scherzach heute
rein gar nichts mehr zu sehen ist, so wurden doch die Steine ihrer Mauern angeblich für
den Bau der Pfarrkirche St. Martin in Altdorf wiederverwendet.

108 Das Pfrunger-Burgweiler Ried

Ursprünglich wild

Was die Größe angeht, so hätte das Pfrunger-Burgweiler Ried eine Silbermedaille verdient. Mit 2.600 Hektar ist es das zweitgrößte Moorgebiet in Deutschlands Südwesten. Was die Vielfalt an Gesichtern und die Arten angeht, so wäre das Naturschutzgebiet sicherlich ein Favorit für Gold. Hochmoore, die nur noch von Regenwasser versorgt werden, Niedermoore, deren Pflanzen das mineralhaltige Grundwasser erreichen, Tümpel, Seen, Bruchwald mit viel Totholz, Moorkiefernwald und weite Weideflächen beherbergen ganz spezielle Bewohner. Das leuchtend rosa blühende Helmknabenkraut wächst zum Beispiel bevorzugt in den Niedermooren und extensiv genutzten Wiesen, das Scheidige Wollgras dagegen im Hochmoor.

Zu verdanken ist diese Artenvielfalt dem Rheingletscher, der vor rund 12.000 Jahren zwischen Ostrach und Wilhelmsdorf ein Becken aushobelte, das sich mit Schmelzwasser füllte und dann verlandete. Zurück blieb eine vielfältige Moorlandschaft, die nur sehr schwer vom Menschen bewirtschaftet werden konnte. Erst ab dem 19. Jahrhundert wurde das Ried auf Anordnung des württembergischen Königs Wilhelm I. urbar gemacht, entwässert, bewirtschaftet, gedüngt und Torf abgebaut. Für die vielfältige Pflanzen- und Tierwelt im Moor war das natürlich Gift. Doch diese Zeiten sind zum Glück für Mensch und Natur vorbei, denn der Schwäbische Heimatbund kaufte schon in den 1930er Jahren große Flächen von industriellen Torfabbaufirmen und schützte diese. Heute betreut das Naturschutzzentrum Wilhelmsdorf das vielfältige Ried und bringt mit Führungen, Veranstaltungen und einer Ausstellung die Natur- und Kulturlandschaft den Besuchern näher. Mehrere Riedlehrpfade mit unterschiedlichen Streckenlängen bieten den Besuchern faszinierende Einblicke in die wilde Moorlandschaft.

Adresse Naturschutzzentrum Wilhelmsdorf, Riedweg 3, D-88271 Wilhelmsdorf | **Anfahrt** von der B 311 nach Pfullendorf fahren, von dort auf der L 201 über Denkingen Richtung Wilhelmsdorf fahren, alternativ über die B 33 und L 290 nach Wilhelmsdorf, dort ist das Naturschutzzentrum ausgeschildert (Parkmöglichkeit) | **Tipp** Im Naturschutzzentrum Wilhelmsdorf des Schwäbischen Heimatbundes wird die geologische Entwicklung sowie die Kulturgeschichte des Rieds bis hin zur Naturkunde anhand einer tollen Dauerausstellung erklärt.

109_ Das Bauernhausmuseum

Auf Tuchfühlung mit der Landwirtschaftsgeschichte

Satte grüne Wiesen und sanfte bewaldete Hügel prägen heute das Landschaftsbild rund um Wolfegg. Doch das war nicht immer so! Bis ins 19. Jahrhundert war statt dem satten Grün ein helles Blau die vorherrschende Farbe um den kleinen Kurort. Und nicht nur da, große Teile Oberschwabens, vom Schwarzwald bis zum Lech und von der Schwäbischen Alb bis über den Bodensee nach St. Gallen, sollen damals im Sommer blau geblüht haben. Der Grund: Der Anbau von Flachs, einer der ältesten Kulturpflanzen überhaupt, war zu dieser Zeit von großer wirtschaftlicher Bedeutung für die Region, die als ein Zentrum der Textilproduktion galt.

Der Name Flachs kommt von »Flechten« und nimmt bereits Bezug auf die äußerst mühsame Verarbeitung. Die Faserpflanze wird nach der Blüte mitsamt den Wurzeln aus dem Boden gerissen, getrocknet, geröstet, wieder getrocknet, gebrochen, geschwungen, gehechelt und schließlich zu Flachs-Garn gesponnen. Aus diesem Garn woben die Bauern dann den Leinenstoff, der letzten Endes zu Hosen und Hemden verarbeitet wurde.

Der lateinische Name des Flachses lautet Linum usitatissimum, daraus leitet sich auch die Bezeichnung Lein für den Leinenstoff ab. Im 19. Jahrhundert ersetzte die leicht zu verarbeitete Baumwolle dann mehr und mehr den Flachs, die Vieh- und Milchwirtschaft hielt Einzug, und die Landschaft der Region färbte sich durch die Weidewiesen sattgrün.

Im Bauernhausmuseum Wolfegg kann man in genau jene Zeit eintauchen, als der Flachsanbau Leben und Landschaft in Oberschwaben prägte. Auf zehn Hektar vermittelt das Freilichtmuseum die Wirtschafts- und Kulturgeschichte der Region. Im Haus Andrinet, einem originalen Landweberhaus aus Leutkirch im Allgäu aus dem Jahr 1740, wird liebevoll und detailgetreu aufgezeigt, wie aus Pflanze Stoff wurde. Zwischen Juni und August kann man vor dem Haus den blauen Flachs blühen sehen.

Adresse D-88364 Wolfegg, www.bauernhausmuseum-wolfegg.de | **Anfahrt** A 96 bis Ausfahrt Kißlegg / Isny / Wolfegg, über die L 265, L 330 und L 315 nach Wolfegg fahren, vor der Stadt links zum Freilichtmuseum abbiegen | **Öffnungszeiten** Mai – Sept. täglich 10 – 18 Uhr, März, April, Okt., Nov. Di – So 10 – 17 Uhr | **Tipp** An jedem Sonn- und Feiertag kochen die Landfrauen in der Museumsküche in einem der 15 Bauernhäuser des Freilichtmuseums nach alten oberschwäbischen Rezepten Versuchsportionen für die Besucher.

110_ Das Felsenbädle

An dr Schwäbsche Eisebahne ...

Manch ein aufwendig gestaltetes und doch austauschbar erscheinendes Freizeitbad könnte sich beim Felsenbädle nahe Mochenwangen etwas abschauen. Die Sprung- und Liegefelsen befinden sich auf verschiedenen Höhen, nach heftigen Regenfällen entstehen niemals gleich plätschernde Wasserkaskaden. Über den whirlpoolartig ausgewaschenen Gumpen haben schon um die Wende vom 19. ins 20. Jahrhundert die Menschen Abkühlung an heißen Sommertagen und unbefangenen Badespaß nach stressigem Arbeitsalltag gesucht.

Ganz alleine hat die Natur den idyllischen und einladenden Badeplatz der Schussen allerdings nicht geschaffen, ein bisschen nachgeholfen haben die Menschen schon, wenngleich auch nicht bewusst. Bereits nach dem Rückzug der Gletscher bahnte sich die Schussen ihren Weg durch die Moränenablagerungen zwischen Aulendorf und Mochenwangen und schuf dank des hohen Gefälles auf kurzer Strecke den Schussentobel. Der Fluss mäandrierte damals im gesamten Talraum, umgeben von dicht bewachsenen Ufern und flächigem Auwald, bis 1846 der Bau der Eisenbahnsüdlinie erfolgte. Der sumpfige Auenboden stellte die Bähnlebauer vor große Herausforderungen, die sie durch eine Begradigung und Verkürzung des natürlichen Flusslaufs zu meistern versuchten. Mit Erfolg: Die Südbahn wurde 1949 eröffnet, und der wirtschaftliche Aufschwung hielt Einzug in der Region.

Allerdings hatten die wasserbautechnischen Veränderungen gravierende Folgen für die Schussen: Die Fließgeschwindigkeit nahm so stark zu, dass sich das Flussbett stark eintiefte und wild rotierende Wasserstrudel fünf bis sechs Meter tiefe Strudellöcher aus dem Molassestein frästen. Das Felsenbädle war entstanden. Mit der Gründung der Papierfabrik Mochenwangen unweit des Felsenbädles wurde dann ein Kanal gebaut, der bis heute dem Fluss das meiste Wasser entzieht und nur ein kleines Rinnsal durch das Felsenbädle fließen lässt.

Adresse D-88284 Wolpertswende-Mochenwangen | **Anfahrt** B 30 Ulm–Ravensburg bis Ausfahrt Bad Wurzach / Mochenwangen / Baindt, in Mochenwangen im Ort rechts in die Fabrikstraße einbiegen und bis zur evangelischen Kirche fahren, dort parken, zum ausgeschilderten »Schussen Kultur- und Naturerlebnisweg« hinter der Papierfabrik gehen | **Tipp** Mit etwas Glück kann man am Felsenbädle einen schillernden Eisvogel entdecken, der seine Bruthöhlen in eine Uferböschung gegraben hat. Er taucht in den Strudellöchern nach Fischen und ist vor allem dank seiner auffälligen silbrig-blauen und orangefarbenen Färbung ein Blickfang.

111___Das Hudelmoos
Wo Grillen grillen könnten

Natur schützen und sie gleichzeitig der Bevölkerung zugänglich machen, das ist kein leichtes Unterfangen! In Deutschland gelten nach dem Bundesnaturschutzgesetz sehr strenge Regeln, was innerhalb eines Naturschutzgebietes erlaubt ist oder besser gesagt: was alles nicht erlaubt ist. Würstchengrillen ist nicht erlaubt. Nicht die Würstchen stören dabei die Natur, sondern das offene Feuer sowie der Müll und der Lärm, die – so nehmen Gesetzesmacher an – untrennbar mit dem Grillen verbunden sind.

In der Schweiz gelten andere Regeln, das wird im Hudelmoos südlich von Amriswil schnell deutlich. Schon auf der Übersichtskarte sind Grillstellen ausgewiesen, eine Waldhütte mitten im Naturschutzgebiet wird von der Bürgergemeinde Zihlschlacht betrieben und regelmäßig für Festivitäten vermietet. Trotz der verglichen mit Deutschland etwas laxeren Regeln in Naturschutzgebieten hat sich das Hudelmoos in den letzten Jahrzehnten zu einem der artenreichsten und schönsten Moorgebiete der Nordschweiz entwickelt. Vielleicht auch gerade wegen der großzügigeren Öffnung für die Bevölkerung, die sich dadurch besser mit den Schutzgebieten identifizieren kann – wer weiß.

Allein 210 Schmetterlingsarten und fast 300 verschiedene Pilze kommen in der Ried- und Moorlandschaft im einstigen Grundmoränengebiet des Rheingletschers vor. Ab 1750 wurde dort intensiv Torf gestochen, sodass von der gut sechs Meter dicken Torfschicht heute nur noch wenig übrig geblieben ist. Seit 1977 steht das Hudelmoos unter Schutz und regeneriert sich seitdem von selbst wieder, mit ein klein wenig Unterstützung von Pro Natura Thurgau, deren Mitarbeiter die Riedwiesen mähen und die Moorgebiete vor zu vielen Bäumen retten. Vor allem die vielen Faulbäume entziehen dem Moor sehr viel Wasser und auch Licht und behindern letztlich die bedrohten Torfmoose bei ihrer wertvollen Arbeit, der Torfbildung.

Adresse CH-8588 Zihlschlacht-Sitterdorf | **Anfahrt** A 7 bis zur Ausfahrt Kreuzlingen-Süd fahren, auf der Hauptstraße 1 nach Süden bis Engwilen, auf die Hauptstraße 16 abbiegen nach Märstetten, von da auf der 14 nach Amriswil fahren, vor dem Ort rechts nach Zihlschlacht abbiegen, dort auf der Hagenwilerstraße (Route 5) bis zum Parkplatz Hudelmoos bei der Pro-Natura-Hütte | **Tipp** In der Nähe des Hudelmoos befindet sich an der Route 5 das imposante Wasserschloss Hagenwil (www.schloss-hagenwil.ch).

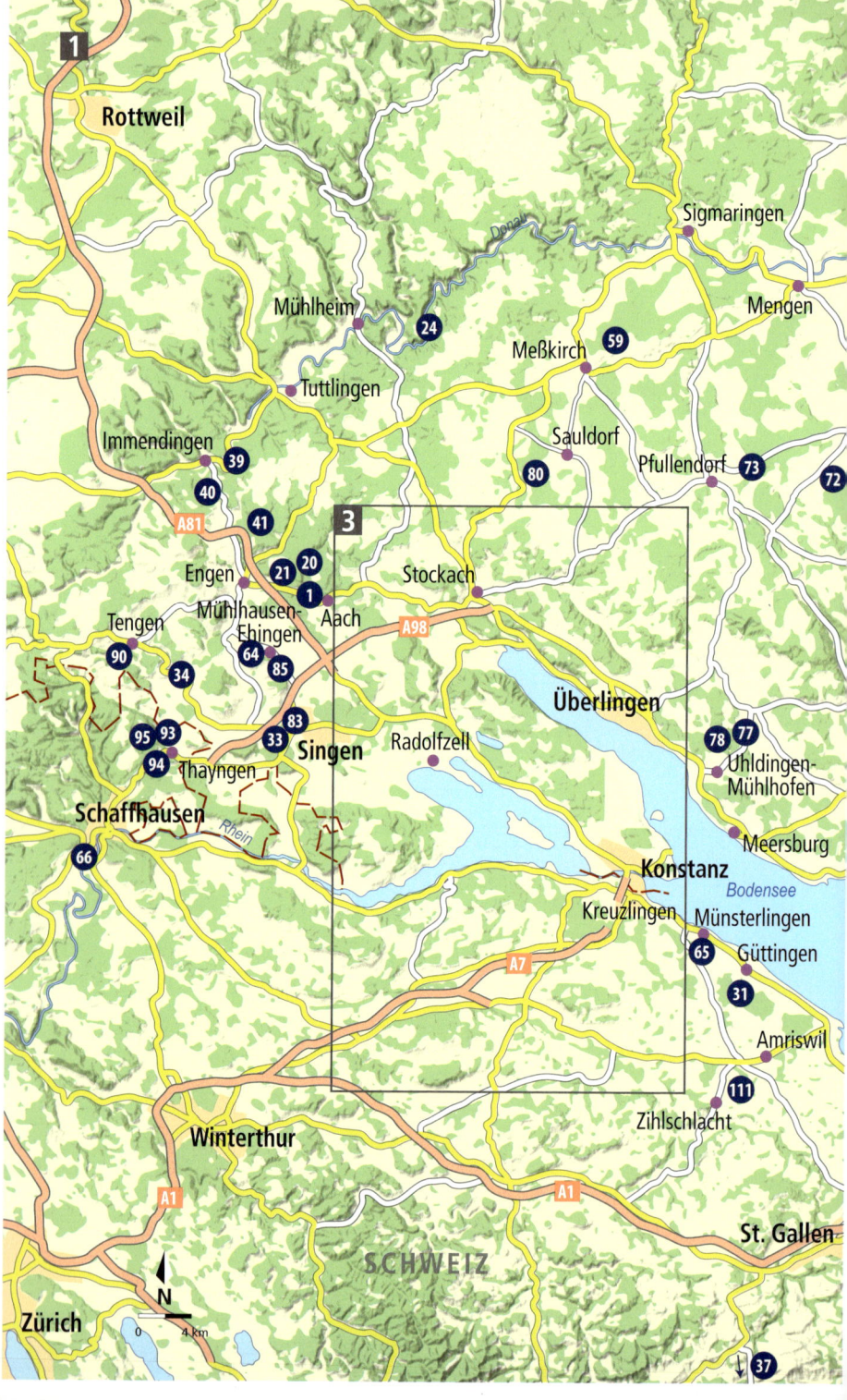

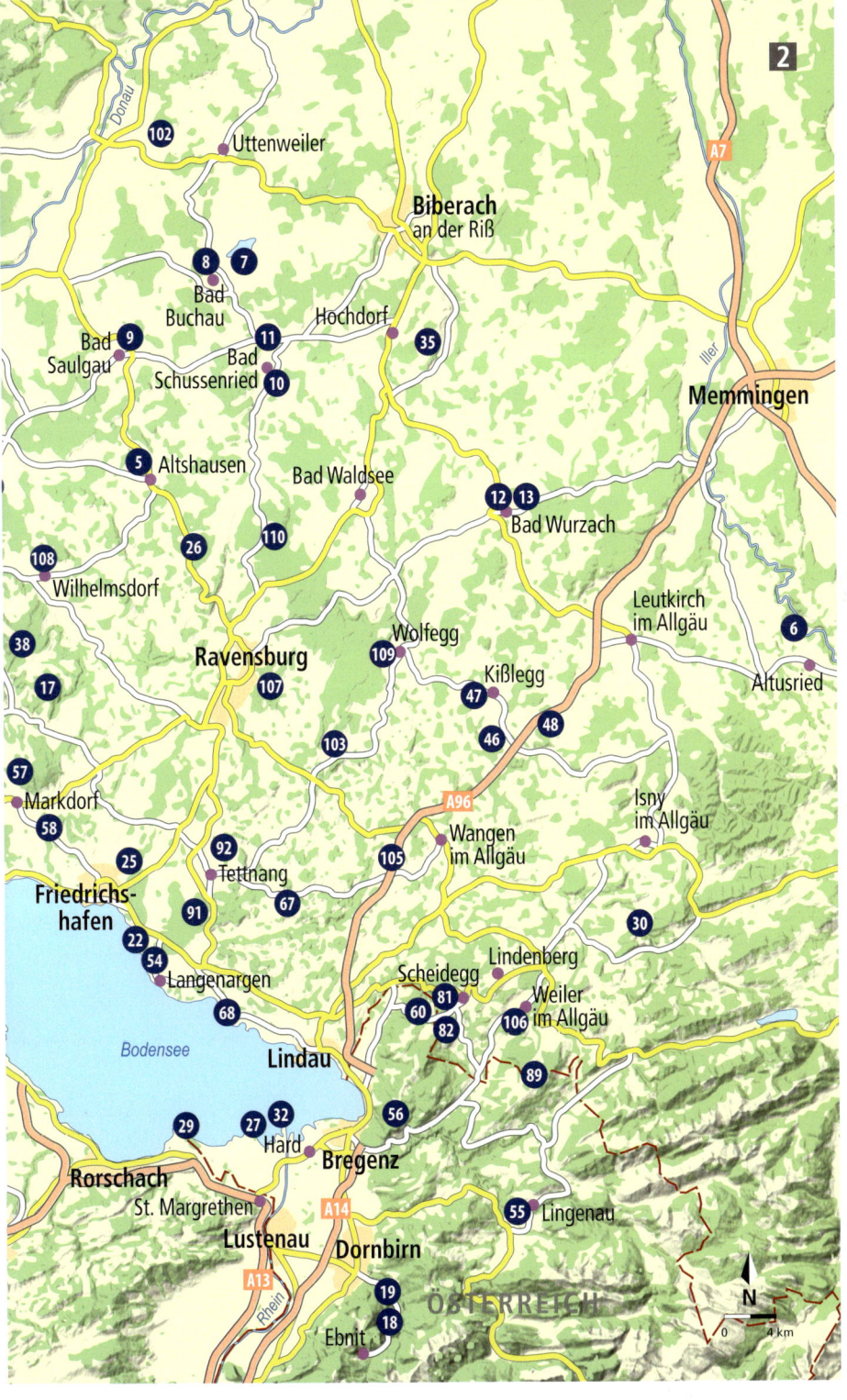

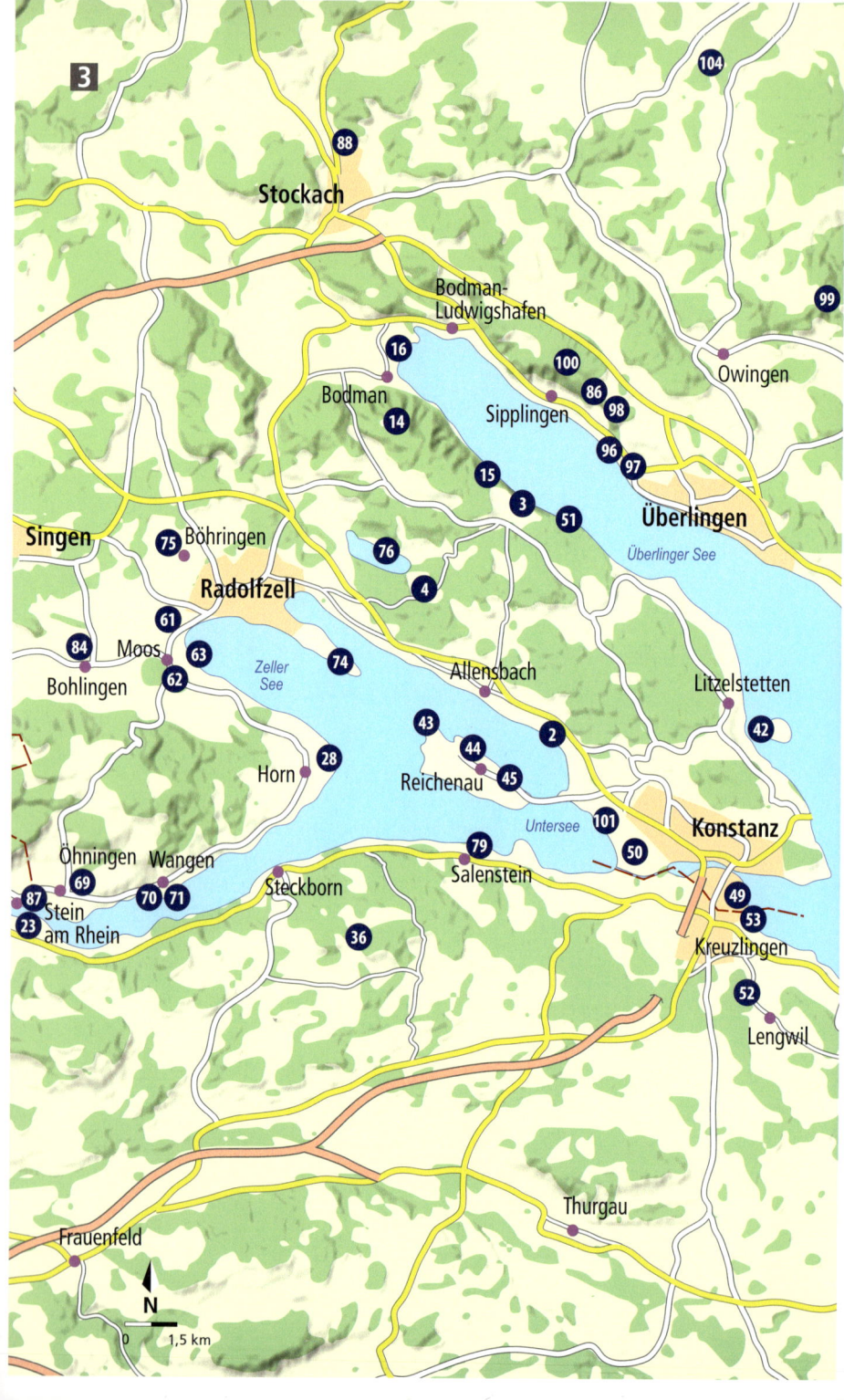

Dietlind Castor

111 Orte am Bodensee, die man gesehen haben muss

ISBN 978-3-95451-063-4

Rüdiger Liedtke
111 Orte auf Mallorca, die man gesehen haben muss
ISBN 978-3-89705-975-7

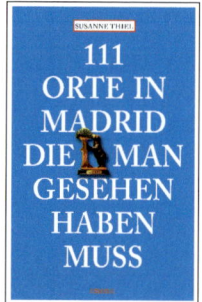

Susanne Thiel
111 Orte in Madrid, die man gesehen haben muss
ISBN 978-3-95451-118-1

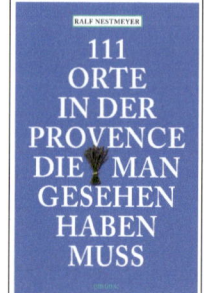

Ralf Nestmeyer
111 Orte in der Provence, die man gesehen haben muss
ISBN 978-3-95451-094-8

Peter Eickhoff
111 Orte in Wien, die man gesehen haben muss
ISBN 978-3-89705-969-6

Stefan Spath
111 Orte in Salzburg, die man gesehen haben muss
ISBN 978-3-95451-114-3

Regine Zweifel
111 Orte in Paris, die man gesehen haben muss
ISBN 978-3-89705-823-1

Dirk Engelhardt
111 in Barcelona, die man gesehen haben muss
ISBN 978-3-95451-066-5

John Sykes
111 Orte in London, die man gesehen haben muss
ISBN 978-3-95451-117-4

Annett Klingner
111 Orte in Rom, die man gesehen haben muss
ISBN 978-3-95451-219-5

Thomas Fuchs
111 Orte in Amsterdam, die man gesehen haben muss
ISBN 978-3-95451-209-6

Stefan Spath, Gerald Polzer
111 Orte im Salzkammergut, die man gesehen haben muss
ISBN 978-3-95451-231-7

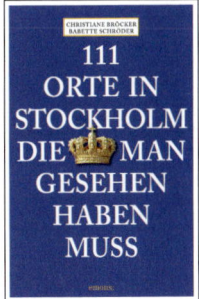

Christiane Bröcker, Babette Schröder
111 Orte in Stockholm, die man gesehen haben muss
ISBN 978-3-95451-203-4

Sabine Gruber, Peter Eickhoff
111 Orte in Südtirol, die man gesehen haben muss
ISBN 978-3-95451-318-5

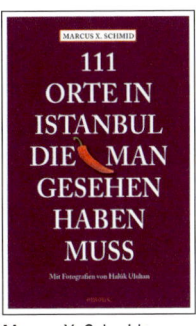

Marcus X. Schmid
111 Orte in Istanbul, die man gesehen haben muss
ISBN 978-3-95451-333-8

Gerd Wolfgang Sievers
111 Orte in Venedig, die man gesehen haben muss
ISBN 978-3-95451-352-9

Rüdiger Liedtke, Laszlo Trankovits
111 Orte in Kapstadt, die man gesehen haben muss
ISBN 978-3-95451-456-4

Eckhard Heck
111 Orte in Maastricht, die man gesehen haben muss
ISBN 978-3-95451-368-0

Petra Sophia Zimmermann
111 Orte am Gardasee und in Verona, die man gesehen haben muss
ISBN 978-3-95451-344-4

Lucia Jay von Seldeneck,
Carolin Huder, Verena Eidel
**111 Orte in Berlin, die
man gesehen haben muss**
ISBN 978-3-89705-853-8

Bernd Imgrund
**111 Kölner Orte, die man
gesehen haben muss**
Band 1
ISBN 978-3-89705-618-3

Lucia Jay von Seldeneck,
Carolin Huder, Verena Eidel
**111 Orte in Berlin,
die Geschichte erzählen**
ISBN 978-3-95451-039-9

Rike Wolf
**111 Orte in Hamburg, die
man gesehen haben muss**
ISBN 978-3-89705-916-0

Gabriele Kalmbach
**111 Orte in Stuttgart, die
man gesehen haben muss**
ISBN 978-3-95451-004-7

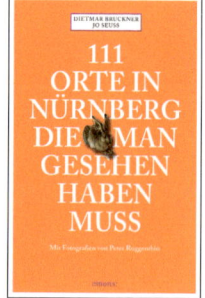

Dietmar Bruckner, Jo Seuß
**111 Orte in Nürnberg, die
man gesehen haben muss**
ISBN 978-3-95451-042-9

Rüdiger Liedtke
**111 Orte in München, die
man gesehen haben muss**
ISBN 978-3-89705-892-7

Rike Wolf, Tom Wolf
**111 Orte in Frankfurt, die
man gesehen haben muss**
ISBN 978-3-95451-342-0

Peter Eickhoff
**111 Düsseldorfer Orte, die
man gesehen haben muss**
ISBN 978-3-89705-699-2